Julius Egong
Patrick Amaibi
Charles Obunwo

Avaliação da qualidade da água

Julius Egong
Patrick Amaibi
Charles Obunwo

Avaliação da qualidade da água

Avaliação dos parâmetros físico-químicos e microbianos da água potável da comunidade de Nkoro, Estado do Rio, Nigéria

ScienciaScripts

Imprint

Any brand names and product names mentioned in this book are subject to trademark, brand or patent protection and are trademarks or registered trademarks of their respective holders. The use of brand names, product names, common names, trade names, product descriptions etc. even without a particular marking in this work is in no way to be construed to mean that such names may be regarded as unrestricted in respect of trademark and brand protection legislation and could thus be used by anyone.

Cover image: www.ingimage.com

This book is a translation from the original published under ISBN 978-620-7-65226-6.

Publisher:
Sciencia Scripts
is a trademark of
Dodo Books Indian Ocean Ltd. and OmniScriptum S.R.L publishing group

120 High Road, East Finchley, London, N2 9ED, United Kingdom
Str. Armeneasca 28/1, office 1, Chisinau MD-2012, Republic of Moldova, Europe
Printed at: see last page
ISBN: 978-620-7-72883-1

DEDICAÇÃO

Este trabalho de investigação é dedicado aos meus pais, Sr. e Sra. Benneth Wuku, pelo seu apoio para a conclusão deste programa.

AGRADECIMENTOS

Dou graças a Deus que tornou tudo possível para mim. A minha sincera gratidão aos meus orientadores, Dr. P. M. Amaibi, pelo seu esforço incansável para o sucesso deste trabalho, e ao Prof. C. C. Obunwo pelos seus conselhos e orientação paternais. Dr. J. L. Konne - Coordenador; Departamento de Química, Prof. N. Boisa - Chefe de Departamento (HOD) Departamento de Química. Aos meus professores, Dr. O. S. Bull, Dr. G.A. Cookey e Dr. J. Maduelosi, pelas suas directivas e ensinamentos. A minha gratidão vai também para o Diretor da Faculdade de Ciências - Prof. C. K. Wachukwu pela orientação. Dr. H. Brown - Coordenador da Faculdade de PG pelos seus grandes contributos para o aperfeiçoamento deste trabalho. Os meus agradecimentos especiais vão também para os meus pais, Sr. e Sra. Benneth Wuku, pelo seu apoio em todas as ramificações para tornar este trabalho uma realidade.

Finalmente, ao meu pai, Sr. Friday Egong, pela sua ajuda, aos meus amigos: Uwuma Beauty, Iyor Emmanuel, Prince Jones, Lawrence Precious, Blessing Wilfred e Sr. Chinedu, pelo seu encorajamento e ajuda para comigo. Agradeço-vos a todos.

RESUMO

Este estudo avaliou a qualidade das águas subterrâneas da comunidade de Nkoro, no Estado de Rivers, na Nigéria, com o objetivo de prevenir o surto de doenças transmitidas pela água. As amostras de água foram recolhidas em fontes de água potável seleccionadas, incluindo um poço escavado à mão e furos. As amostras de água foram recolhidas em seis locais diferentes e foram avaliadas quanto à sua adequação tanto na estação húmida como na estação seca, utilizando o método padrão da Associação Americana de Saúde Pública para a análise da água. Foram calculados os índices de qualidade da água (IQA) para os seguintes sete (17) parâmetros: pH, condutividade eléctrica, sólidos totais dissolvidos, sólidos totais em suspensão, turvação, carência bioquímica de oxigénio, oxigénio dissolvido, carência química de oxigénio, sulfato, fosfato, nitrato, dureza total, cálcio, magnésio, alcalinidade, cor e cloreto. O IQA calculado obtido das fontes de água, tanto na estação húmida como na seca, variou entre 19,41 e 358,78 e entre 19,23 e 333,66, respetivamente. Os resultados dos parâmetros físico-químicos mostraram que alguns parâmetros como o pH, a turvação, o oxigénio dissolvido e a cor estavam acima dos limites das normas regulamentares da Organização Mundial de Saúde (OMS) e da Organização Normalizada da Nigéria (SON) em ambas as estações. Em todas as estações de amostragem, as concentrações de metais pesados, como o chumbo e o crómio, estavam acima dos limites das normas regulamentares da OMS e da SON em ambas as estações. Os resultados de ambas as estações utilizando a estatística do teste t mostraram que existiam diferenças significativas p<0,05 em alguns parâmetros como a temperatura, pH, TSS, DO, COD, nitrato, sulfato, dureza total, cálcio, magnésio, alcalinidade. Enquanto os parâmetros microbianos como as bactérias heterotróficas totais (THB) e coliformes totais (TC) estavam acima do limite na estação seca com concentrações variando entre $0,2 \times 10^4$ a $4,4 \times 10^4$ CFU/ml e entre ND a $3,4 \times 10^4$ CFU/ml, nenhum coliforme fecal foi registado em ambas as estações. O estudo revelou que a água subterrânea na comunidade pode necessitar de algum grau de tratamento, especialmente a do furo do Governo Federal (SS1BO), uma vez que alguns parâmetros estavam acima dos limites padrão; e a melhor qualidade de água foi a do Banco Mundial (SS2BO).

ÍNDICE DE CONTEÚDOS

DEDICAÇÃO 1

AGRADECIMENTOS 2

RESUMO 3

INTRODUÇÃO 5

REVISÃO DA LITERATURA 12

MATERIAIS E MÉTODO 48

RESULTADOS 66

DISCUSSÃO 97

CONCLUSÕES E RECOMENDAÇÕES 120

REFERÊNCIAS 122

CAPÍTULO 1

INTRODUÇÃO

1.1 Antecedentes do estudo

A água é conhecida por ser um recurso natural essencial para a manutenção da vida e do ambiente. É uma fonte de vida dada por Deus e necessária para a sobrevivência dos seres vivos. A água é uma questão central no ambiente e um dos requisitos fundamentais da existência na terra.

Os furos e poços escavados à mão incluem fontes de água subterrânea, enquanto os riachos, rios e lagos são fontes de água superficial (Edori & Kpee, 2016). Uma população previsível de 1,5 mil milhões de pessoas na África Subsaariana depende da água subterrânea como fonte de água potável. Nos últimos anos, a água subterrânea tem sido amplamente explorada. Mais de 120 milhões de pessoas utilizam furos como principal fonte de água potável na Nigéria (Obioma *et al.*, 2020). A proximidade de aterros e sepulturas aos furos, latrinas de fossa, más práticas agrícolas, construção incorrecta de poços e eliminação indiscriminada de resíduos foram identificados por muitos investigadores como factores responsáveis pela poluição da água dos furos (Abdulsalam *et al.*, 2019). Estes factores podem também contaminar a água dos poços. O fornecimento suficiente de água potável fresca e limpa é uma necessidade principal para todos os seres humanos na terra. As principais fontes de água doce são as águas subterrâneas e superficiais. A sobre-exploração, a má gestão e a poluição ameaçam constantemente estas fontes de recursos de água doce. A poluição das massas de água doce, como as águas subterrâneas, os rios, os ribeiros, os lagos e as lagoas, resulta sobretudo de descargas industriais, da eliminação de resíduos urbanos e do escoamento superficial (Akaniwor *et al.*, 2007). O aumento e as alterações no ambiente constituem uma ameaça para a qualidade da água e dificultam a avaliação da sua distribuição espacial atual e futura (Vissers *et al.*, 2005). A extensão da indústria, as novas tecnologias que absorvem e produzem grandes quantidades de produtos químicos, compostos orgânicos e inorgânicos, e o crescente desenvolvimento urbano resultaram num aumento da poluição das águas naturais por esgotos (Diouf *et al.*, 2006). Atualmente, na Nigéria, o acesso à água potável e ao saneamento é um desafio significativo, 53% da população nas zonas rurais e 28% nas zonas urbanas não têm acesso a fontes de água potável (Onabolu *et al.*, 2011). Com base no relatório da Water Aids Nigéria, cerca de 57 milhões de nigerianos não têm acesso a água potável segura e mais de 130 milhões de pessoas (dois terços da população) não têm acesso a saneamento adequado (WaterAid- Water Charity News, 2016). Além disso, os recursos hídricos da Nigéria têm sido uma preocupação devido à ameaça crescente de poluição nos últimos anos, provocada pelas rápidas alterações demográficas, que coincidiram com a criação de aglomerados humanos sem infra-estruturas sanitárias adequadas (Karikari e Ansa-Asare, 2006).

Tal como outras comunidades no Estado de Rivers, a comunidade de Nkoro depende apenas das águas subterrâneas para as actividades domésticas, mas não existem dados sobre a qualidade das águas subterrâneas na área. Na Nigéria, estudos mostram que a maioria das fontes de água doce comuns estão poluídas, o que resulta numa série de surtos de doenças. Há muito que o governo nigeriano considera que a prestação de serviços de abastecimento de água e de saneamento é da competência dos governos federal, estatal e local. O Governo Federal é responsável pela gestão dos recursos hídricos; o Governo do Estado é o principal responsável pelo abastecimento urbano de água; e os Governos Locais, juntamente com as comunidades, são responsáveis pelo abastecimento rural de água (Yusuf, 2007). No entanto, o sector público já não tem conseguido satisfazer mais do que uma pequena parte da procura de água por parte dos utilizadores residenciais e comerciais. Isto pode dever-se à corrosão das infra-estruturas necessárias e à má gestão do sistema. Vários sistemas de abastecimento de água revelam uma deterioração prevalecente e uma má utilização das capacidades existentes, devido a uma manutenção insuficiente e à falta de fundos para o funcionamento (Yusuf, 2007).

A água subterrânea é a principal fonte de água potável, irrigação e outras actividades domésticas tais como lavar, tomar banho, etc. A água subterrânea pode ser facilmente obtida no Delta do Níger, na Nigéria; no entanto, a qualidade da água subterrânea não pode ser verificada visualmente, a menos que seja analisada em laboratório e comparada com as normas regulamentares relevantes, como a Organização Mundial de Saúde (OMS) e a Organização Normalizada da Nigéria (SON). As actividades dos seres humanos podem alterar a qualidade da água subterrânea durante qualquer uma das fases do ciclo hidrológico ou da água, que compreende a precipitação, o escoamento superficial, a infiltração, a percolação, a evaporação e a transpiração. A infiltração da água através das rochas subterrâneas e do solo pode captar contaminantes naturais mesmo sem atividade humana ou poluição na área. A gestão inadequada dos resíduos, como o despejo indiscriminado de resíduos nocivos (produtos químicos, pilhas usadas, tintas, etc.) num aterro não projetado, pode prejudicar a qualidade da água do furo. O aumento da densidade populacional resulta num aumento rápido do volume de resíduos produzidos, o que pode causar uma poluição grave das águas subterrâneas (Adekunle, 2007).

A água pode ser poluída quando substâncias indesejadas entram na água, alteram a qualidade da água, tornando-a insegura para o ambiente e para a saúde humana (Alrumman *et al.*, 2016). As principais causas de poluição da água num ambiente resultam da adição de substâncias biológicas ou químicas, como a lavagem da superfície terrestre (Devi e Premkumar, 2012). Kanase *et al.* (2016); Bhalme & Nagarnaik (2012), afirmaram que o aumento da industrialização, urbanização, atividade agrícola e várias actividades humanas aumentaram a poluição das águas superficiais e subterrâneas. Khan *et al.* (2012) também afirmaram que o aumento das actividades humanas anti-ambientais, como a mineração ilegal, a refinaria e a eliminação indiscriminada de resíduos, faz com que a qualidade da água diminua continuamente e pode representar uma grande ameaça para todas as formas de existência, incluindo os seres humanos. Os contaminantes presentes na água podem afetar a qualidade da água e, consequentemente, a saúde humana. As fontes potenciais de contaminação da água são as condições geológicas, as actividades industriais e agrícolas e as estações de tratamento de águas, tal como referido por Rahmanian, (2015). Duressa, *et al.* (2019), afirmou que os problemas de contaminação do sistema de distribuição de água da cidade são diversos. As fontes fundamentais de contaminantes da água são principalmente resíduos de saneamento inadequado e atividades agrícolas e outras que chegam às redes de distribuição de água, conforme relatado pelo estudo anterior Duressa *et al.* (2019); Tabor *et al.* (2011). As águas residuais industriais são originárias de indústrias que requerem grandes quantidades de água para o processamento e descarte de resíduos. A maioria das indústrias está, portanto, localizada perto de fontes de água. A qualidade da água é importante para o bem-estar humano e a presença de água é fundamental para a vida. A disponibilidade de água potável segura é uma das questões mais gerais de bem-estar e é essencial para combater a propagação de doenças relacionadas com a água (Onyinloye, 2015; Okparanma *et al.*, 2016). Para que a água seja boa para utilização humana, devem ser cumpridas determinadas normas: sem cheiro, imparcial, seca, sem sabor, livre de poluição e de qualquer tipo de microrganismos.

1.2 Declaração do problema

A ignorância do público em relação ao ambiente, o aumento da eliminação indiscriminada de resíduos antropogénicos nas águas superficiais, a defecação a céu aberto, a aplicação não planeada de produtos agroquímicos e as descargas, juntamente com o terreno ambiental rodeado de água do mar, obrigaram os habitantes da comunidade de Nkoro a depender das águas subterrâneas como fonte de abastecimento de água potável. No entanto, há falta de informação sobre a qualidade da água na zona. Este facto tornou necessária a investigação.

1.3 Objetivo do estudo

Avaliação de alguns parâmetros físico-químicos e microbianos em fontes de água potável da comunidade de Nkoro, Estado de Rivers, Nigéria.

1.4 Objectivos específicos

Os objectivos do presente estudo são;

i.   Determinar os parâmetros físico-químicos da água potável, tais como: temperatura, pH, condutividade, TDS, TSS, turvação, DO, CBO, CQO, sulfato, fosfato, nitrato, dureza total, cálcio, magnésio, alcalinidade, cor e cloreto (utilizando o método padrão).

ii.   Determinar o nível de parâmetros microbianos, tais como bactérias heterotróficas totais, coliformes totais e coliformes fecais.

iii.   Determinar os níveis de metais pesados na água potável, tais como Pb, Cr, Cu, Fe e Mn.

iv.   Comparar os dados da água potável de várias fontes com os limites padrão da OMS e da SON.

v.   Calcular o IQA dos dados obtidos nas diferentes estações e compará-los com o estado do IQA, de modo a conhecer o mais adequado de entre eles.

1.5 Justificação do estudo

O terreno da comunidade de Nkoro está rodeado de água do mar, e as pessoas da comunidade dependem exclusivamente de furos e de água de poços escavados à mão para consumo e uso doméstico, pelo que é relevante analisar a água das várias fontes de água potável de furos de propriedade individual, água de poços escavados à mão e furos fornecidos pelo Governo Federal, Banco Mundial, União Europeia e avaliar o seu estado tanto na estação húmida como na estação seca, para sensibilização do público no que diz respeito à saúde. O resultado deste estudo servirá de guia aos decisores políticos no sector da água e da saúde para encontrar soluções para os residentes e para a população de Nkoro. Além disso, o resultado servirá para abrir os olhos dos residentes no que respeita à qualidade da água dos furos e dos poços escavados à mão utilizados na comunidade de Nkoro.

CAPÍTULO 2

REVISÃO DA LITERATURA

2.1 Água potável

A água potável é descrita como tendo uma qualidade aceitável em termos dos seus parâmetros físicos, químicos, microbianos e de aceitabilidade, de modo a poder ser utilizada com segurança para fins domésticos e de consumo (OMS, 2018). A Organização Mundial de Saúde (OMS) define a água potável como sendo segura desde que não cause riscos significativos para a saúde da população ao longo da vida de consumo e devem ser feitos esforços para manter a qualidade da água potável ao mais alto nível possível.

2.   2Qualidade da água

A qualidade da água é uma grande preocupação, se a água deve ser consumida, então há uma necessidade de avaliar a sua qualidade. Nesta perspetiva, Paiu e Breaban (2014), definiram a avaliação satisfatória da qualidade da água como a comparação dos parâmetros físicos, químicos e microbianos da água em relação ao estado natural, resultados antropogénicos e utilização futura. Ter acesso a água potável segura é um simples direito humano para todas as pessoas, independentemente da nacionalidade, religião, cor, riqueza ou credo. A água potável contaminada e o saneamento deficiente estão ligados à transmissão de doenças como a cólera, a diarreia, a disenteria e a poliomielite (OMS, 2018). A má qualidade da água potável está a afetar significativamente a saúde dos consumidores. O relatório da OMS afirma que o abastecimento de água potável utilizado por pelo menos dois mil milhões de seres humanos em todo o mundo está contaminado com fezes (OMS, 2018). Nos últimos anos, muitas agências internacionais estabeleceram esforços na redução de doenças transmitidas pela água e na melhoria dos recursos hídricos protegidos como seu objetivo predominante de adequação pública, e a situação quase não melhorou. No entanto, o cenário está longe de ser perfeito, principalmente nas zonas rurais, e este cenário pouco melhorado pode até ser quebrado pela procura acelerada de água e pela redução da disponibilidade de água devido ao boom populacional e à melhoria financeira (Li & Qian, 2018a). Felizmente, muitos estudiosos estão a realizar mais investigação para garantir a segurança da água potável no nosso ambiente.

2.   3Índice de qualidade da água   (IQA)

O índice de qualidade da água reduz a quantidade de parâmetros utilizados na monitorização da qualidade da água a uma expressão simples, a fim de facilitar a interpretação dos dados, permitindo que o público tenha acesso a dados sobre a qualidade da água, de acordo com Paiu e Breaban (2014), que vê o estudo como uma precisão de uma aplicação de investigação interdisciplinar sobre a monitorização da qualidade da água realizada em algum momento nos anos de 2011-2012 na fase oriental da Roménia. O índice de qualidade da água fornece um valor único que exprime a qualidade comum da água num determinado momento, com base totalmente em valores analíticos de parâmetros físico-químicos. É importante compreender o estado da qualidade da água potável e os efeitos associados para a saúde, a fim de fazer selecções sensatas sobre a segurança e a gestão da água potável. A utilização de um método de avaliação viável e eficaz da qualidade da água para consumo humano é vital para obter resultados fiáveis, facilitando a tomada de decisões sensatas. Desde os anos sessenta, quando o primeiro Índice de Qualidade da Água (WQI) foi desenvolvido pela Horton, muitas estratégias de avaliação da qualidade da água foram propostas (Tian & Wu, 2019; Su *et al.*, 2019). O rápido aprimoramento das técnicas de avaliação da qualidade da água aumenta a perceção da excelência da água, tanto por meio de uma variedade numérica fácil quanto por meio de uma interpretação mais complicada das características de alta qualidade da água. (Abtahi *et al.*, 2015, 2016), propôs dois índices de qualidade da água para reconhecer os pré-requisitos padrão de consumo de água em comunidades rurais e a contribuição da água potável comum para a ingestão de suplementos dietéticos. Da mesma forma, Akter *et al.* (2016), utilizaram a técnica aritmética ponderada WQI para avaliar a qualidade da água nas zonas rurais do Bangladesh. Estes IQAs traduzem um grande número de variáveis num número digital e são úteis na perceção da qualidade da água, tornando-os as técnicas de avaliação da qualidade da água mais famosas (Abbasi & Abbasi, 2012). A qualidade da água para consumo é afetada por mais do que um fator, entre os quais o abastecimento de água de boa qualidade é o mais significativo, especialmente nas zonas rurais, onde a terapia da água é geralmente insuficiente (Scheil *et al.*, 2016b).

Vários estudos foram realizados em diferentes comunidades sobre a avaliação da qualidade das águas subterrâneas no estado de Rivers, na Nigéria. Por exemplo; Igwele *et al.* (2016) avaliaram as variações sazonais da qualidade físico-química e bacteriológica das águas subterrâneas em Port Harcourt, Estado de Rivers, Nigéria, na estação húmida e seca. As amostras de água foram recolhidas de furos e de poços escavados à mão, respetivamente. Os resultados obtidos para as análises físico-químicas e bacteriológicas revelaram concentrações ligeiramente mais elevadas na estação seca do que na estação húmida, com exceção da acidez, que foi mais elevada na estação húmida, com um valor de 43,67 ± 1,20. Parâmetros como o sódio, a condutividade eléctrica, o cloreto e a acidez apresentaram diferenças significativas (p<0,05). Enquanto outros parâmetros se encontravam dentro dos limites padrão da Norma Nigeriana para a Qualidade da Água Potável (NSDWQ). Os resultados microbianos médios indicaram uma concentração total de bactérias de 5,34 ± 0,17/100 mg/L e estavam acima do valor NSDWQ de Nulo/100 mg/L. Os resultados sugerem, portanto, que é necessário um tratamento adequado das águas subterrâneas antes da sua utilização humana para evitar a contração de doenças transmitidas pela água.

Ujile *et al.* (2021) avaliaram os efeitos da poluição na qualidade das águas subterrâneas na Área do Governo Local de Okrika, Estado de Rivers, Nigéria. Foram recolhidas cerca de 20 amostras das comunidades de Ekerekana, Kalio, George, Okrika island, Ogoloma, OganAma e Isaka. As amostras de água foram recolhidas na estação húmida e seca e analisadas utilizando métodos normalizados. Os parâmetros analisados foram a temperatura, o oxigénio dissolvido (OD), a turvação, o nitrato, o fosfato, o cloro, a carência bioquímica de oxigénio (CBO), o chumbo, o cádmio e o zinco. Os resultados das análises revelaram um desvio significativo de alguns parâmetros em relação ao limite da OMS. As amostras de água mostraram que cerca de 80% tinham uma concentração de pH inferior ao limite padrão da OMS e da SON, que é de 6,5-8,5; enquanto os valores de DO e BOD estavam abaixo dos limites. Os índices de qualidade da água (WQI) calculados na área em ambas as estações estavam acima da taxa padrão, o que indicava que a água não era própria para beber.

Toko *et al.* (2020) avaliaram as águas subterrâneas (poços escavados à mão e furos) em Port Harcourt, Nigéria, utilizando o IQA. Cerca de 30 amostras de águas subterrâneas foram recolhidas trimestralmente num período de um ano e analisadas em relação a treze (13) parâmetros, tais como pH, sólidos totais dissolvidos, COD, NO_3 , potássio, sódio (Na), magnésio (Mg) e cálcio (Ca). Os resultados revelaram que 93% das amostras de água estavam dentro da classificação do WQI para bom e excelente estado, cujos valores variavam entre 5,70 e 38,36, enquanto 7% das amostras de água eram impróprias para beber, com valores que variavam entre 66,74 e 415,40. No entanto, observou-se que a qualidade da água na estação das chuvas era boa em toda a área de estudo, mas deteriorou-se na parte sul da área de estudo. O estudo recomendou, portanto, que as actividades antropogénicas que ocorrem na área de estudo devem ser investigadas.

Estudos semelhantes também foram realizados noutras partes do país, por exemplo, Onuorah *et al.* (2019), estudo sobre "Análise de furos de água nas comunidades de Ogbaru, Estado de Anambra, Nigéria" foi realizado durante as estações seca e húmida para determinar o efeito da variação sazonal nas suas características físico-químicas. Foram obtidos 15 furos de água potável em diferentes locais das comunidades. Foram analisados parâmetros físico-químicos e de metais pesados, tais como sulfato, teor total de sólidos suspensos, condutividade, dureza do cálcio, cloreto, dureza total do pH, alcalinidade, dureza do magnésio, acidez total, chumbo, arsénio de cádmio, ferro, tanto para a estação seca como para a estação húmida. Os resultados mostraram que a estação do ano teve um efeito significativo nas características físico-químicas da água dos furos amostrados. Alguns dos furos estudados não cumpriam as normas da OMS para a água potável em termos de pH, cujos resultados variavam entre 3,4 e 8,3 na estação seca e entre 4,8 e 8,5 na estação das chuvas; a acidez, o chumbo, o cádmio e o arsénico analisados estavam todos acima do limite, pelo que o estudo sugeria um tratamento adequado antes de beber para salvaguardar a saúde dos utilizadores.

Okoya e Elufowoju (2020) avaliaram os parâmetros físico-químicos da qualidade da água das massas de água subterrâneas em redor da indústria em Fasina Area, Ile-Ife Local Government Area, Estado de Osun, com o objetivo de avaliar o impacto da indústria nas massas de água e na saúde das pessoas das comunidades vizinhas que dependem destas massas de água subterrâneas para satisfazer as suas necessidades de água para fins domésticos e outros. Foram efectuadas análises de parâmetros físico-químicos às amostras, utilizando métodos normalizados, de cinco amostras de massas de água subterrâneas. Os valores mais elevados e mais baixos de turvação (44,47 ± 34,37 e 7,99 ± 1,89 NTU) foram registados no poço e no furo durante a estação das chuvas, respetivamente. O valor mais elevado de pH (6,65 ± 0,13) foi registado no poço durante a estação seca, enquanto o valor mais baixo (5,94 ± 0,15) foi encontrado na amostra de água do furo durante a estação húmida. O TDS foi mais elevado no poço durante a estação seca, enquanto que foi menos elevado no furo durante a estação húmida. O valor mais baixo de DO (4,20 ± 0,71 mg/L) e o valor mais alto (6,00 ± 0,42 mg/L) foram registados durante a estação seca, no furo e no poço, respetivamente. Os valores elevados de Cd, Fe e Pb foram registados no furo durante a estação seca, mas o valor baixo de Cd foi encontrado no poço durante a estação seca, enquanto que os valores mais baixos de Fe e Pb foram encontrados no poço durante a estação húmida. O estudo revelou que os valores de turvação, oxigénio dissolvido, cádmio, chumbo e ferro excederam significativamente os limites admissíveis nacionais (NSDWQ) e internacionais (OMS). Os valores elevados dos parâmetros, especialmente a turvação e os metais pesados, podem tornar a água tóxica e colocar sérios problemas de saúde às pessoas que bebem a água.

Bashir e Abdulkadir (2020), estudaram a "Variabilidade espácio-temporal dos parâmetros físico-químicos das águas subterrâneas em Minna e arredores (Estado do Níger), Nigéria". O estudo avaliou alguns parâmetros físico-químicos seleccionados obtidos a partir de água de poços escavados à mão. Foi utilizada uma abordagem mista de métodos de investigação quantitativos e qualitativos. Cerca de vinte e quatro (24) amostras de água foram recolhidas de doze poços para as estações húmida (outubro de 2018) e seca (março de 2019) de quatro locais e levadas para o laboratório para a análise físico-química, a fim de determinar o nível de concentração química e os resultados foram comparados com as normas da NSDWQ e da OMS. Os parâmetros físico-químicos, incluindo; Sólido Dissolvido Total, odor, pH, cor, Condutividade Eléctrica, Turvação, Cloreto, Sulfato, Nitrato, Alcalinidade, Dureza Total e Sólido Suspenso Total foram determinados utilizando métodos de ensaio laboratoriais padrão. As análises estatísticas foram efectuadas utilizando ANOVA de uma via e Duncan PostHoc através do pacote SPSS versão 23. Os resultados mostraram que todos os parâmetros físico-químicos analisados estavam dentro dos padrões recomendados pela NSDWQ e pela OMS, tanto para a estação húmida como para a estação seca, exceto a cor, o odor, o Cl⁻ e a dureza total (TH) que excederam os limites permitidos em algumas amostras de água de poço. O estudo revela, portanto, que os parâmetros físico-químicos das amostras de água de alguns outros poços eram adequados para consumo e fins domésticos.

Amina *et al.* (2020) realizaram um estudo com o objetivo de determinar os índices de qualidade da água (IQA) da água potável (poços e furos) em áreas de estudo como Mubi-North, Girei e Mayo-Belwa Local Government Areas of Adamawa state, Nigéria. As análises basearam-se em parâmetros físico-químicos. As amostras foram recolhidas em agosto-outubro (2018) para a estação húmida e em janeiro-março (2019) para a estação seca. Alguns dos parâmetros físicos foram medidos no ponto de recolha. Estes incluem a condutividade, o pH, a temperatura, o total de sólidos dissolvidos (TDS) e o oxigénio dissolvido (DO), analisados com um analisador portátil de oxigénio dissolvido. O dispositivo portátil Hanna de pH/ EC/ TDS/ temperatura foi utilizado para medir a condutividade do pH, o total de sólidos dissolvidos e a temperatura nos pontos de recolha de amostras. Os resultados obtidos no estudo revelaram que, na estação das chuvas, a água do poço na área governamental local de Mubi-Norte registou um IQA de 53,21, enquanto em Girei a água do poço registou cerca de 54,82 e a água do poço em Mayo-Belwa registou um IQA de 48,10. Assim, apenas a água do poço de Mayo-Belwa tem um índice de qualidade da água dentro da categoria de água boa de WQI (26 - 50), tal como indicado pela OMS. Durante a estação seca, a água do poço em Mubi-North local registou cerca de 41,09, enquanto em Girei a água do poço registou 48,69 (IQA) e a água do poço em Mayo-Belwa registou cerca de 46,31 (IQA). O estudo revelou, portanto, que o índice de qualidade da água potável nas áreas de estudo se encontrava geralmente dentro dos valores-limite estipulados pela OMS, mas que flutua sazonalmente (em tempo de chuva e de seca). Por conseguinte, é necessária uma monitorização por parte das agências competentes. Ubechu *et al.* (2021) avaliaram o efeito do lixiviado de um aterro sanitário aberto sem revestimento em Aba, (Estado de Abia), Nigéria. Foi recolhido um total de 48 amostras de águas subterrâneas e 2 amostras de água de lixiviado, que foram analisadas em relação a vários parâmetros físicos e químicos e aos iões principais, de acordo com métodos normalizados para as estações seca e húmida, utilizando os métodos AAS e titrimétrico. A correlação de Pearson foi utilizada para determinar a relação entre dois parâmetros. Os resultados mostraram que os parâmetros físico-químicos, tais como a carência bioquímica de oxigénio (CBO), a temperatura, o cloreto, a condutividade eléctrica (CE), o HCO_3^- , o SO_4^2 , o NO_3^- , o Ca^{2+} , o Mg^{2+} , o K^+ e o Na^+ em ambas as estações estavam abaixo dos limites máximos permitidos estabelecidos pela Organização Mundial de Saúde (OMS) e pela Norma Nigeriana para a Qualidade da Água Potável (NSDWQ). A Carência Química de Oxigénio (COD) e a Carência de Oxigénio Dissolvido (DO) têm valores médios superiores aos limites permitidos na estação húmida, mas inferiores na estação seca. Os valores de pH para as estações húmida e seca eram ácidos e não se encontravam dentro dos limites permitidos pelas normas da OMS e da NSDWQ. As investigações revelaram que a água subterrânea na área de estudo não era dura; era fresca e de natureza ácida. Encontrava-se dentro da categoria de segura a tolerável até certo ponto nas estações das chuvas e seca, respetivamente.

2.4 Parâmetros físico-químicos

2.4.1 pH

O pH da água é uma medida do equilíbrio ácido-base e, na maioria das águas naturais, é gerido com a ajuda do sistema de equilíbrio dióxido de carbono-bicarbonato-carbonato. Uma concentração elevada de dióxido de carbono diminui consequentemente o pH, enquanto que uma diminuição provoca o seu aumento. A temperatura tem também um efeito sobre os equilíbrios e o pH. Na água pura, ocorre uma diminuição do pH de cerca de 0,45 quando a temperatura aumenta 25°C. Na água com uma capacidade de tamponamento conferida pelo bicarbonato, carbonato e ião hidroxilo, este impacto da temperatura é modificado (APHA, 1989). O pH da maior parte da água potável situa-se no intervalo 6,5-8,5° C de acordo com a norma da OMS. Geralmente, a água com um pH inferior a 6,5 pode ser ácida, mole e corrosiva. A água ácida pode conter iões metálicos como o zinco, o chumbo, o ferro e o manganês e pode causar danos prematuros nas tubagens metálicas e ter problemas estéticos associados, como um sabor metálico ou azedo. A água pode ter um pH reduzido, o que pode dever-se a chuvas ácidas ou a um pH mais elevado em zonas calcárias. Foram efectuadas análises sobre as consequências das águas ácidas para a saúde humana e para o ambiente, respetivamente. Foi nesta nota que DiValentino (2019), revelou que as águas ácidas foram reconhecidas como motivo de inflamação devido aos resultados da corrosão e, em níveis severos, irritam os poros presentes e os problemas de pele num dos seus estudos.

As consequências dos ácidos e dos álcalis dependem da força da sua concentração. Os ácidos ou álcalis fortes e concentrados são corrosivos, enquanto que os ácidos e álcalis diluídos e fracos não o são. O pH, por si só, não é o principal fator determinante dos efeitos adversos e, na água, os ácidos e álcalis são tipicamente extremamente diluídos. O pH do fluido gástrico, que consiste em ácido clorídrico, situa-se entre 1,0 e 3,5, com um valor médio de aproximadamente 2,0, e existem também variedades de alimentos que têm um pH baixo. São eles o vinagre, com um pH de 2,8, e o sumo de limão, que tem um pH de 2,4. Uma vez que se trata de ácidos fracos, o seu consumo não representa qualquer perigo para a saúde. Não é possível determinar uma relação direta entre a saúde humana e o pH da água potável, uma vez que o pH está intimamente associado a outros aspectos da qualidade da água, e os ácidos e álcalis são fracos e normalmente muito diluídos. No entanto, uma vez que o pH pode afetar a taxa de corrosão dos metais, bem como a eficiência da desinfeção, é provável que qualquer efeito sobre a saúde seja indireto e se deva a uma elevada ingestão de metais provenientes de canalizações e tubagens ou a uma desinfeção inadequada.

2.4.2 Cor

A cor observada na água potável é geralmente devida à existência de matéria orgânica dissolvida colorida (principalmente ácidos húmicos e fúlvicos) misturada com a fração de húmus do solo. A cor é também fortemente influenciada pela presença de ferro e de outros metais, quer como impurezas herbáceas lançadas no ambiente ou diretamente nas massas de água, quer como produtos de corrosão. A contaminação também pode ocorrer a partir de fontes de resíduos industriais. O limite da OMS é de 15 UTC. No entanto, a água não deve ter cor.

2.4.3 Turbidez

De acordo com Ibrahim *et al.* (2019), a turvação mede o efeito de dispersão e absorção que as partículas em suspensão na água têm sobre a luz. A turvação mede a clareza ou a turvação da água. Na maioria das águas, a turvação é devida a dispersões coloidais e muito excelentes. Em muitos sistemas aquáticos, a clareza da água é determinada pela abundância de algas em suspensão. As estruturas eutróficas (que contêm concentrações excessivas de nutrientes) contribuem para o aparecimento de populações gigantes de algas, que diminuem a clareza da água e amplificam a sua cor. Em casos intensos, as águas turvas podem danificar os animais e depositar sedimentos pesados nas folhas, diminuindo a fotossíntese (Shrinivasa & Venkateswaralu, 2000). A água turva também tem um efeito sobre a eficácia dos métodos de desinfeção, que incluem a luz ultravioleta e a cloração, e o estabelecimento gradual de vegetais. Uma turvação elevada pode indicar a presença de organismos causadores de doenças, tais como bactérias, vírus e parasitas, que provocam sintomas como náuseas, cãibras, diarreia e dores de cabeça (Maitera *et al.,* 2010). A turvação foi considerada suficientemente relevante para ser protegida nas directrizes para a água potável de muitos países desenvolvidos. As políticas dos EUA em torno da turbidez (U.S. EPA, 2015). Os vários parâmetros que influenciam a turvação da água incluem: fitoplâncton, sedimentos provenientes da erosão, descarga de resíduos e crescimento de algas.

Um estudo efectuado por Idowu *et al.* (2016), "sobre a biodegradação de poluentes em águas residuais, Nigéria", revelou diversas gamas de turbidez, por exemplo, um local tinha 4,5, enquanto outros locais tinham 5,6 e 6,1, respetivamente. A investigação atribuiu os níveis excessivos de turbidez às elevadas actividades humanas/antropogénicas ao longo do rio. Estas actividades descarregam matéria em suspensão na água e deslocam a matéria sedimentada (Obed, 2012). As fases de turbidez excessiva expandiram as comunidades microbianas nestes rios através do desenvolvimento de espaço para a fixação microbiana. Pesquisas anteriores (Obed, 2012; Kakoi *et al.*, 2016) não relacionaram a turbidez com o crescimento microbiano. É necessário estabelecer a relação entre os micróbios e as gamas de turvação, a fim de reconhecer como as gamas de turvação influenciam a qualidade da água e a diversidade microbiana. O limite da OMS é de 5 (NTU).

2.4.4 Condutividade

A condutividade eléctrica é uma medida quantitativa da capacidade da água para passar corrente eléctrica. Este potencial depende geralmente da quantidade de sais dissolvidos existentes em qualquer amostra de água (Chindo *et al.*, 2013). A monitorização da condutividade pode ser utilizada para assinalar alterações na concentração de sais na água, no entanto, para o controlo da qualidade da água, existem bastantes limitações, uma vez que os compostos orgânicos não se ionizam completamente em soluções aquosas; por conseguinte, a poluição orgânica não pode ser monitorizada com base na medição da condutividade (Nigerian Industrial Standard, 2007). O limite da OMS é de 1000 Ω/cm.

2.4.5 Temperatura da água

A temperatura da água, enquanto propriedade física, depende das estações do ano, da área geográfica e das condições meteorológicas, como a precipitação, a humidade, a cobertura de nuvens, a velocidade do vento e a turbidez (Mathew *et al.*, 2017). Os estágios de princípio orientador defendidos para a ingestão de água pela OMS estão entre 30-32° C (Mgbemena *et al.*, 2012). "A taxa de crescimento dos microrganismos aumentará com o aumento da temperatura, uma vez que a temperatura elevada acelera os processos químicos e orgânicos na água, resultando na redução do seu potencial para manter os gases vitais dissolvidos, como o oxigénio" (Raju *et al.*, 2012). Por exemplo, os mesófilos crescem a 20-45° C é apropriado para a proliferação de microrganismos, os psicrófilos desenvolvem-se a 10-15° C e os termófilos desenvolvem-se a 45-122° C (Wafula, 2014). O nível elevado de temperatura reduz o oxigénio dissolvido e, por conseguinte, coloca os microrganismos sob stress (Wafula, 2014).

2.4.6 Sólidos totais dissolvidos

Trata-se de um parâmetro importante que mede a quantidade total de iões móveis carregados que se encontram dissolvidos na água (Gichuki & Gichumbi, 2012). O limite de TDS de acordo com a OMS é de cerca de 600 mg/l, e qualquer água que contenha TDS acima do limite permitido pode causar inflamação gastrointestinal; um limite acima deste altera a dureza da água, o sabor e também as características corrosivas da água. Os valores elevados de TDS observados na água mostram que a água contém muitos minerais, o que pode ser o resultado dos minerais constituintes da rocha presentes no local, que formam uma forte resistência à dissolução (Nirmala *et al*, 2012). As concentrações elevadas de oxigénio dissolvido na água podem também ser atribuídas a alguns constituintes do escoamento superficial, tais como cloreto, cálcio, magnésio, sódio, potássio e bicarbonatos, que podem aumentar consideravelmente a dureza da água, tornando-a imprópria para consumo humano (Olumuyiwa *et al.*, 2012) e inadequada para a lavagem e o banho, uma vez que não consegue formar facilmente espuma (Kumar & Kumar, 2013).

2.4.7 Alcalinidade total

A alcalinidade é vista como um componente essencial da água e é considerada como uma propriedade da água capaz de neutralizar os ácidos. A sua ocorrência na água resulta da presença de compostos de carbonato e hidróxido de sódio, cálcio e potássio (Murhekar, 2011). As principais fontes de alcalinidade são as rochas com as quais a água entra em contacto, incluindo compostos de hidróxido, bicarbonato, carbonato e fosfatos. Em concentrações elevadas, a alcalinidade influencia a qualidade da água, conferindo-lhe um sabor amargo, e pode causar inflamações nos olhos e na pele do ser humano (Buridi & Gedala, 2014). Também pode provocar a coloração da água, tornando-a imprópria para consumo humano (Ayesha, 2012). O limite permitido para a alcalinidade de acordo com a OMS é de 120 mg/L.

2.4.8 Dureza total

A dureza da água mede a capacidade da água para reagir com o sabão. A água dura requer mais sabão para produzir espuma. A água dura produz frequentemente depósitos visíveis de precipitados, tais como metais insolúveis, sabões ou sais em recipientes, o que inclui o "anel de banheira". Não é causada apenas por uma única substância, mas por combinações de diferentes misturas de iões metálicos polivalentes dissolvidos, principalmente catiões de cálcio e magnésio, embora outros catiões (por exemplo, bário, zinco, manganês, alumínio, estrôncio e ferro) também contribuam. O limite da OMS para a alcalinidade é de 300 mg/L. As principais fontes naturais de dureza da água são os iões metálicos polivalentes dissolvidos nas rochas sedimentares, a lixiviação e o escoamento dos solos. O cálcio e o magnésio são os dois principais iões presentes em muitas rochas sedimentares, sendo as rochas mais comuns o calcário e o giz. São também constituintes minerais vitais comuns dos alimentos. Como já foi referido, outros iões polivalentes, como o bário, o ferro, o manganês, o alumínio, o zinco e o estrôncio, também contribuem ligeiramente para a dureza total da água.

2.4.9 Cloreto

O cloreto ocorre naturalmente na água. A fonte mais importante de cloretos na água é a libertação de esgotos domésticos ou de efluentes industriais. O cloreto é muito solúvel com a maioria dos catiões que ocorrem naturalmente e não precipita. O limite máximo de cloreto na água potável recomendado pela OMS é de 250 mg/L. É inofensivo até uma concentração de 1500 mg/l; no entanto, produz um sabor salgado a um nível de 250-500 mg/l. Também pode enferrujar o betão ao extrair o cálcio.

2.4.10 Magnésio

O magnésio é o quarto catião mais abundante no corpo e o segundo catião mais abundante no fluido intracelular. É um cofator para cerca de 350 enzimas celulares, muitas das quais estão envolvidas no metabolismo da energia. Está também envolvido na síntese de proteínas e de ácidos nucleicos e é necessário para o tónus vascular regular e para a sensibilidade à insulina. Níveis baixos de magnésio estão relacionados com disfunção endotelial, aumento das reacções vasculares, aumento dos níveis circulantes de proteína C-reactiva (um marcador pró-inflamatório que é um fator de risco de doença coronária) e redução da sensibilidade à insulina. O baixo nível de magnésio tem sido implicado na hipertensão, doença coronária, diabetes mellitus tipo 2 e síndrome metabólica.

O magnésio é normalmente associado ao cálcio em todos os tipos de água; o magnésio é essencial para o crescimento da clorofila e também actua como um fator limitante para o crescimento do fitoplâncton, o esgotamento do magnésio reduz o número da população de fitoplâncton. A quantidade de cálcio na água natural depende do tipo de rocha presente. A baixa concentração de cálcio é benéfica para reduzir a corrosão nas tubagens de água. O limite da OMS é de 50 mg/L.

A principal causa de hipermagnesemia é a deficiência renal, que está frequentemente associada a uma capacidade significativamente reduzida de excreção de magnésio. O aumento do consumo de sais de magnésio pode causar uma mudança temporária e adaptável nos hábitos intestinais (diarreia), mas raramente causa hipermagnesemia em humanos com função renal normal. De acordo com a OMS (2018), a água potável em que tanto o magnésio como o sulfato estão presentes em concentrações elevadas, aproximadamente acima de 250 mg/L cada, pode ter um efeito laxante, embora os dados sugiram que os consumidores se adaptam a estes níveis à medida que a exposição continua. Além disso, os efeitos laxativos têm sido associados à ingestão excessiva de magnésio sob a forma de suplementos, mas não ao magnésio na dieta.

2.4.11 Cálcio

O cálcio encontra-se naturalmente na água. A sua abundância cobre uma grande parte da crosta terrestre. Pode ser dissolvido em rochas como a dolomite, o gesso, a fluorite, a apatite e a calcite. O cálcio e o magnésio são utilizados para determinar a dureza da água, porque podem ser encontrados na água como iões Ca^{2+}. O cálcio está presente em vários materiais de construção, como o cimento, o betão e a cal para tijolos. O limite da OMS para o cálcio é de 75 mg/L.

A ingestão inadequada de cálcio tem sido relacionada com o aumento do risco de osteoporose, nefrolitíase (pedras nos rins), cancro colorrectal, hipertensão e acidente vascular cerebral, doença arterial coronária, resistência à insulina e obesidade. A maioria destas doenças tem tratamento, mas não tem cura. Devido à falta de provas convincentes do papel do cálcio como elemento contributivo para estas doenças, as estimativas dos pré-requisitos de cálcio têm sido feitas com base nos resultados da saúde óssea, com o objetivo de otimizar a densidade mineral óssea. O cálcio distingue-se entre os nutrientes, na medida em que a reserva do organismo é também funcional; o aumento da massa óssea está diretamente relacionado com a diminuição do risco de fratura. Estudos de ensaios aleatórios controlados mostram que o aumento da ingestão de cálcio, especialmente naqueles que têm tido uma ingestão regularmente baixa de cálcio, pode experimentar um aumento da massa óssea durante o crescimento e reduz a perda óssea e o risco de fratura mais tarde na vida.

Em grande medida, os indivíduos estão protegidos contra a ingestão excessiva de cálcio por um mecanismo regulado de absorção e eliminação intestinal através da ação da 1,25-dihidroxivitamina D, a forma hormonalmente ativa da vitamina D. Quando o cálcio em excesso é absorvido pelo organismo, o excesso é excretado pelos rins em pessoas saudáveis que não têm insuficiência renal. No entanto, a preocupação com a ingestão excessiva de cálcio é dirigida principalmente às pessoas propensas à síndrome do leite alcalino (a presença simultânea de hipercalcémia, alcalose metabólica e insuficiência renal) e à hipercalcémia. Embora o cálcio possa combinar-se com o zinco, o magnésio, o ferro e o fósforo no intestino, diminuindo assim a absorção destes minerais, os dados disponíveis não sugerem que estes minerais sejam decompostos quando os seres humanos consomem dietas que contêm cálcio acima dos limites recomendados.

2.4.12. Sulfato

O sulfato pode ser encontrado em quase todas as águas naturais. A origem da maioria dos compostos de sulfato é a oxidação de minérios sulfetados, a presença de xistos ou os resíduos industriais. O sulfato é um dos componentes dissolvidos encontrados na água da chuva. Concentrações elevadas de sulfato na água potável podem ter um efeito laxante quando misturadas com cálcio e magnésio, os dois constituintes mais comuns da dureza. As bactérias, que atacam e reduzem o sulfato, formam gás sulfídrico ($H_2 S$). O nível máximo de sulfato sugerido pela Organização Mundial de Saúde (OMS) nas Directrizes para a Qualidade da Água Potável, estabelecidas em Genebra, em 1993, é de 500 mg/l. As normas da União Europeia são mais recentes e rigorosas do que as normas da OMS, que sugerem que o consumo humano pode ser permitido com um máximo de 250 mg/l de sulfato na água.

Um estudo de âmbito nacional efectuado nos EUA observou que as concentrações de sulfato no ar variavam entre 0,5 e 228 $\mu g/m^3$, com valores médios que variavam entre 0,8 e 31,5 $\mu g/m^3$ (US EPA, dados não publicados, 1984). O sulfato pode ser libertado para o ambiente através de fontes antropogénicas, erupções vulcânicas, pesticidas, etc., que são transportados pelo ar.

O sulfato pode ser encontrado na água como resultado da libertação de dióxido de enxofre de fontes antropogénicas (Keller & Pitblade, 1986). Foram registados na água cerca de 6 mg/L de sulfato precipitado sobre a Europa Central (WHO/UNEP, 1989). O elevado teor de sulfato encontrado na água pode também corroer as tubagens e pode igualmente influenciar o sabor da água.

Não existe informação disponível sobre o teor de sulfato dos géneros alimentícios; no entanto, os sulfatos são utilizados como aditivos na indústria alimentar, como o sulfito de sódio (Comissão do Codex Alimentarius, 1992). Nos EUA, o consumo diário de sulfato pelo ser humano é de 453 mg, tendo sido registado que a maior parte provém de alimentos em que os sulfatos são utilizados como aditivos. O consumo diário comum de sulfato pelos seres humanos através da água potável, da inalação do ar e das refeições é de cerca de 500 mg, sendo os alimentos a principal fonte. No entanto, nas zonas onde se encontram níveis elevados de sulfatos, a água deve ser monitorizada e tratada, assegurando que são consumidos níveis baixos de água com sulfatos.

A ingestão de cerca de 7 g de sulfato de magnésio e 8 g de sulfato de sódio, de acordo com estudos efectuados, provou causar catarse em homens adultos (Cocchetto & Levy, 1981; Morris & Levy, 1983). Os seres humanos podem sentir um efeito cárdico como resultado da ingestão de água cuja concentração excede 600 mg/L (US DHEW, 1962; Chien *et al.*, 1968), embora tenha sido relatado, de acordo com estudos, que os seres humanos podem adaptar-se gradualmente a concentrações mais elevadas de sulfato com o passar do tempo (US EPA, 1985). Outro efeito secundário comum causado pela ingestão de concentrações elevadas de sulfato de magnésio ou de sódio é a desidratação (Fingl, 1980). As crianças também são propensas à desidratação, especialmente as que sofrem de diarreia causada pela ingestão de níveis elevados de sulfato na água potável (US EPA, 1999a,b). Embora tenham sido efectuados vários estudos para determinar a toxicidade do sulfato em seres humanos. Foram relatados casos de diarreia em três crianças, cujos resultados mostraram que as crianças foram expostas a água potável com níveis elevados de sulfato, cujas concentrações variaram entre 630 e 1150 mg/L (Chien *et al.*, 1968).

2.4.13 Fosfato

Os fosfatos são maioritariamente obtidos a partir de fertilizantes, resíduos industriais, pesticidas e, naturalmente, podem ser encontrados em rochas que contêm fosfatos. Naturalmente, a água também contém iões de fosfato. O fósforo na forma de fosfato (PO_4^{3-}) é um importante nutriente para as plantas e tem sido visto sob a forma de fertilizante na forma de "superfosfato" - hidrogenofosfatos de cálcio ($CaHPO_4$), que é o componente. As concentrações excessivas de fosfato reativo solúvel (SRP) são responsáveis pela eutrofização de lagos, riachos e reservatórios, aumentando assim o crescimento de plantas aquáticas e a proliferação de algas que podem matar peixes e produzir um cheiro desagradável quando as algas morrem e se decompõem, utilizando o oxigénio dissolvido na água e gerando gases tóxicos e malcheirosos como o sulfureto de hidrogénio. O limite admissível estabelecido pela OMS para o fosfato na água potável é de 5 mg/L.

2.4.14 Carência bioquímica de oxigénio (CBO) da água

A carência bioquímica de oxigénio (CBO) refere-se à quantidade de oxigénio necessária para a decomposição orgânica (oxidação) da matéria natural dissolvida por micróbios, em condições normais, a um tempo e temperatura padronizados. Normalmente, são necessários cerca de cinco dias de incubação a 20°C. A CBO é frequentemente utilizada para considerar a quantidade de matéria orgânica nas massas de água que ajuda o crescimento microbiano e os intervalos excessivos de CBO nas amostras de água sugerem que os micróbios cardiovasculares estão a oxidar a matéria natural existente na água contaminada (Ligawa, 2011). De acordo com a OMS, os valores de referência recomendados para o consumo de água são de 5 mg/ mg/L. Um nível elevado de CBO está frequentemente associado a um excesso de matéria orgânica na água, o que revela a presença de um nível elevado de microrganismos (Ligawa, 2011). De acordo com Ligawa (2011), certos microrganismos oxidam os poluentes orgânicos em dióxido de carbono e oxigénio, o que leva a uma correlação negativa entre a CBO e o OD. A decomposição orgânica eleva as gamas de CBO, o que resulta no desenvolvimento de uma ansiedade em relação à disponibilidade de oxigénio, esgotando o OD, que é essencial para a existência aquática (Oyoo, 2017).

2.4.15 Carência química de oxigénio (CQO) da água

A carência química de oxigénio (CQO) refere-se à quantidade de oxigénio dissolvido necessária para causar a oxidação química do material orgânico na água (Oyoo, 2017). O intervalo de orientação recomendado para a água potável de acordo com a OMS é de 40 mg/L. A CQO tem uma má correlação com o OD e, a um nível elevado de CQO, o nível de OD diminui devido ao facto de a digestão de materiais orgânicos utilizar muito oxigénio para ser oxidado na água. Foram realizados estudos sobre os níveis de CQO a nível mundial com resultados contrastantes, por exemplo, Chabukdhara *et al.* (2017) sobre a análise físico-química, no distrito de Ghaziabad, na Índia, estabeleceram que os intervalos de CQO estavam dentro dos limites admissíveis da OMS para todos os locais com concentrações que variavam entre 0,1-0,24 mg/L. Naveen *et al.* (2017) confirmaram a variação das gamas de CQO de local para local. Por exemplo, um local tinha 0,25 mg/L, enquanto outros tinham 0,27 mg/L e 0,30 mg/L.

2.4.16 Oxigénio dissolvido (OD)

O oxigénio dissolvido (OD) varia em função de factores ambientais, tais como a elevação da temperatura, a velocidade do fluxo de água, o arejamento da água à medida que esta passa por cima das rochas, a natureza química dos sedimentos do fundo e como produto da fotossíntese através da flora aquática submersa e da existência microbiana (Ouma, 2015; Cronk & Fennessy, 2016). O oxigénio dissolvido é essencial para a sobrevivência dos organismos aquáticos (Ouma, 2015; Wafula, 2014). Uma quantidade suficiente de oxigénio na água é um refúgio para as bactérias e diferentes agentes patogénicos, que são anaeróbicos e prejudiciais para a saúde humana (Raju *et al.*, 2012). O OD é um componente muito vital para os organismos aquáticos, devido ao facto de ter um efeito no seu processo orgânico. Para a oxidação das matérias naturais e dos sedimentos, os materiais naturais complicados são transformados em sais inorgânicos facilmente dissolvidos que devem ser utilizados pelos micróbios (Mounjid *et al.*, 2014). A investigação também indicou que, quando a concentração de DO cai abaixo de 6,0 mg/L, os estilos de vida aquáticos são colocados sob stress. Kilonzo *et al.* (2014) localizaram gamas de DO dentro dos limites permitidos pela OMS na água de Mara, no Quénia. Bora e Goswami (2017), na água de Kolong, na Índia, determinaram que; os graus de DO variam de local para local. Por exemplo, um local tinha 4,2, enquanto outros locais tinham 6,0 e 6,5, respetivamente. O limite da OMS é de 6,0 mg/L.

2.4.17 Nitratos

O nitrato é um dos parâmetros importantes susceptíveis de influenciar a qualidade da água. As fontes de nitrato são os resíduos industriais, os fertilizantes azotados, etc. O limite máximo da OMS para o nitrato na água potável é de 45 mg\L. É um dos contaminantes mais frequentemente encontrados em violação dos padrões baseados na saúde na água potável dos EUA (Pennino *et al.,* 2017). O nitrato ocorre naturalmente em sistemas aquáticos em baixas concentrações (menos de 1 mg/L NO_3 -N), enquanto concentrações maiores que 1 mg/L NO_3 -N são consideradas indicativas de atividade humana (Dubrovsky, 2010). As fontes antropogénicas comuns de nitratos incluem os fertilizantes utilizados na produção agrícola e na jardinagem, o estrume animal, as descargas de águas residuais de estações de tratamento de águas residuais e de sistemas sépticos e a combustão de combustíveis fósseis. Altas concentrações de nitrato na água podem sinalizar a presença de diferentes contaminantes preocupantes; um estudo realizado que incluiu o uso de mais de 2000 poços não públicos descobriu que a água de poço com mais de 1 mg/L NO_3 -N tem sido mais provável de ter intervalos de pesticidas e compostos orgânicos voláteis (VOCs) acima de um décimo do nível de triagem baseado na saúde (Dubrovsky, 2010).

Foi registada uma concentração de nitratos no ar que varia entre 0,1 e 0,4 $\mu g/m^3$, tendo sido também registada a concentração mais baixa encontrada no Pacífico Sul (Prospero & Savoie, 1989). Além disso, também foram registadas concentrações de 1 a 40 $\mu g/m^3$. As concentrações médias mensais de nitratos no ar nos Países Baixos variam entre 1 e 14 $\mu g/m^3$ de acordo com Janssen *et al.* (1989). Os relatórios mostram também que as concentrações de nitratos se encontram igualmente nos aerossóis utilizados em espaços interiores, com concentrações que variam entre 1,1 e 5,6 $\mu g/m^3$ (Yocom, 1982).

Foram registadas concentrações de nitrato de cerca de 5 mg/L, de acordo com a OMS, e estas foram determinadas em zonas industriais (Van & Matthijsen, 1989). Embora as concentrações nas zonas rurais sejam mais baixas. Nas águas superficiais, o teor de nitratos pode ser muito baixo, mas pode atingir níveis elevados em resultado de águas de escoamento de resíduos agrícolas, de águas de escoamento de lixeiras ou de excrementos e dejectos humanos ou animais. As concentrações de nitratos na água variam frequentemente com a estação do ano e podem aumentar devido à recarga de água que se infiltra no solo. A concentração de nitratos na água em muitos países europeus está atualmente a duplicar todos os anos. No Reino Unido, por exemplo, foi registado um aumento médio anual de 0,7 mg/L em alguns rios (Young & Morgan, 1980).

A carne e os legumes curados são a fonte mais comum de nitratos encontrados nos regimes alimentares, tendo sido também encontradas pequenas quantidades na maioria dos peixes e produtos lácteos. Verificou-se que os produtos à base de carne contêm concentrações de cerca de 2,7 a 945 mg de nitratos por quilograma e de 0,2 a 6,4 mg por quilograma, enquanto os produtos lácteos podem conter cerca de 3 a 27 mg de nitratos por quilograma e 0,2 a 1,7 mg de nitratos por quilograma (ECETOC, 1988).

2.5 Avaliação microbiológica da água

A água pode ser facilmente contaminada por microrganismos e matéria orgânica, entre outros poluentes, independentemente da fonte (Oludairo & Aiyedun, 2016). Contaminantes microbianos como *Escherichia coli. coli, Crypto-sporidiumparvum* e *Giardialamblia* podem ser encontrados na água (Opara & Nnodim, 2014). A presença de espécies de *Escherichia coli, Klebsiella e Enterobacter* na água é vista como uma indicação da presença de organismos patogénicos, tais como Clostridium *pafringens, Salmonella* e Protozoa (Anyamene & Ojiagu, 2014; Gangil, 2013). Estes agentes patogénicos acima mencionados podem causar diarreia, disenteria e gastroenterite, que é tão comum nas zonas rurais, especialmente em alguns países em desenvolvimento (Aroh *et al.*, 2013). Os parâmetros microbianos, especialmente Escherichia coli (E. coli) e coliformes totais, têm sido utilizados para determinar a qualidade geral da água potável em todo o mundo (Ashbolt, 2004). A E. *coli*, em particular, provou ser o indicador mais preciso de contaminação fecal na água potável (Plate *et al.*, 2004). É vista como uma bactéria real que causa gastroenterite em seres humanos, e pode ser encontrada em fezes humanas e animais), adicionalmente também pode ser encontrada em fossas sépticas, especialmente quando estão a ser construídas ou concebidas de forma imprópria, a partir de lamas e esgotos municipais (OMS, 1993). A presença de bactérias na água pode causar diarreia, cólera, disenteria, etc. (Zvidzai *et al.*, 2007). Com base nesta nota, a OMS recomenda que não deve haver coliformes fecais presentes em 100 ml de água potável. A principal fonte de poluição da água dos furos e dos poços é atribuída às indústrias e aos resíduos agrícolas que se infiltram no solo dos furos e alteram a qualidade da água, enquanto que nos poços podem entrar facilmente. A poluição também pode ser atribuída a tanques partidos, proximidade de latrinas de fossa às fontes de água, fossas, etc. (Zvidzai *et al.*, 2007). O coliforme total e o coliforme fecal também estão presentes nos solos, possivelmente a partir de matérias fecais no ambiente que podem ter emanado de animais que vagueiam nas casas e possivelmente de actividades humanas.

2.6 Metais pesados na água

Os metais pesados são descritos como elementos naturais que se caracterizam pela sua elevada massa atómica e pela sua elevada densidade. Embora ocorram normalmente em concentrações bastante baixas, podem ser encontrados em toda a crosta do nosso planeta. Os metais pesados são descobertos naturalmente na Terra (Martin & Hosam, 2018). No entanto, as atividades antropogénicas, como a fundição de ferro, os resíduos das indústrias e a agricultura, aumentam a sua acumulação nos ecossistemas (Barzegar *et al.*, 2019; Mgbenu & Egbueri, 2019). Mais uma vez, as actividades humanas conduziram a um aumento da população e da produção de resíduos. Muitos produtos residuais nas zonas urbanas são considerados fontes de contaminação por metais pesados (Barzegar *et al.*, 2019). Quanto mais elevadas forem as concentrações de metais pesados, maior será a sua contribuição para a deterioração das fontes de água e do ambiente. Quando as fontes de água e o ambiente estão contaminados com metais pesados, os riscos e perigos para a saúde tornam-se inevitáveis. Há uma variedade de cadeias e ciclos alimentares através dos quais os metais pesados tóxicos podem chegar aos seres humanos. Normalmente, os metais pesados entram nos tecidos vegetais, animais e humanos através de diferentes mecanismos, como a inalação, a dieta/alimentação e o manuseamento (US-EPA 2011, 2017). Nas zonas industriais, as águas residuais são um dos principais vectores de metais pesados que contaminam um grande número de sistemas hídricos. Para além de serem lixiviadas a partir de resíduos industriais e de consumo, diferentes fontes de água podem ser poluídas com a ajuda da lixiviação de metais pesados retidos nos solos (Fergusson, 1990). Além disso, a flora (incluindo os vegetais comestíveis) está exposta a metais pesados através da absorção de água contaminada. Os animais (por exemplo, peixes, gado) alimentam-se da flora e das águas contaminadas e, por esta razão, ficam carregados com concentrações excessivas de metais pesados. A longo prazo, as pessoas (direta ou indiretamente) ingerem estas águas, plantas e animais contaminados (Fergusson, 1990; Thanomsangad *et al.*, 2020; Barzegar *et al.,* 2019) e, consequentemente, ficam expostas a numerosos riscos para a saúde. A sua acumulação excessiva no organismo constitui um perigo potencial para a saúde humana. A maioria dos metais pesados são agentes indutores de cancro, deixando as suas vítimas com vários cancros e doenças (Fergusson, 1990; US-EPA, 2017). Uma vez que os metais pesados venenosos têm tendência para se bioacumularem no corpo humano e são difíceis de metabolizar, os perigos que representam para a saúde humana tornam-se iminentes (Adamu *et al.*, 2014; Subba-Rao *et al.*, 2019).

2.6.1 Cobre

O cobre dificilmente ocorre naturalmente nas fontes de abastecimento de água potável. A maior parte da poluição por cobre ocorre em algum ponto do sistema de distribuição de água. Isto ocorre como resultado da corrosão minuciosa dos tubos ou acessórios de cobre, que são geralmente utilizados na canalização doméstica. As características da água são muito diferentes consoante a sua proveniência. Algumas águas são naturalmente mais corrosivas. Os factores que causam a corrosão incluem um pH baixo (inferior a 8,0), um baixo teor de sólidos totais dissolvidos (TDS), temperatura elevada e quantidades elevadas de oxigénio dissolvido ou dióxido de carbono. Geralmente, a água natural macia é mais corrosiva do que a água dura, porque é mais ácida e tem um baixo TDS. O amaciamento da água dura com uma unidade de permuta iónica pode prevenir ou dissolver as incrustações minerais, reduzindo o seu efeito protetor. No entanto, o amaciamento da água dura pode ter outros benefícios que prevalecem sobre os efeitos negativos da elevada concentração de cobre.

2.6.1.1 Indicações de cobre

Baixas concentrações de cobre na água potável podem não alterar claramente o sabor, a cor ou o cheiro da água. Em concentrações baixas, o cobre na água potável pode não causar sintomas de saúde. Em concentrações elevadas, pode provocar um sabor metálico amargo na água e resultar em manchas azul-esverdeadas nas canalizações. Em concentrações elevadas, o cobre na água potável pode causar sintomas que são simplesmente confundidos com gripe ou outras doenças, tais como problemas estomacais e intestinais, como vómitos, diarreia, náuseas e cólicas estomacais.

2.6.2 Chumbo

O chumbo é um metal com uma cor prateada brilhante numa atmosfera seca. As fontes predominantes de chumbo expostas ao ambiente incluem os cigarros, os alimentos, a água potável, as técnicas industriais e as fontes domésticas. O chumbo proveniente da indústria é constituído por gasolina, tinta doméstica, tubos utilizados para canalização, balas feitas de chumbo, baterias de armazenamento (Thurmer *et al.*, 2002). O chumbo está a ser libertado para o ambiente pelas actividades industriais, bem como pelos tubos de escape dos automóveis. O chumbo pode também penetrar no solo e ir com o fluxo para os corpos de água, que podem ser absorvidos pela flora e, consequentemente, o ser humano pode ingerir chumbo no seu sistema através dos alimentos que ingere e da água que bebe (Wani *et al.*, 2015).

A concentração de chumbo no ar depende de uma série de factores considerados, que incluem: proximidade de estradas e fontes pontuais de exposição. Anualmente, a geometria sugeriu que as concentrações medidas acima de 100 estações encontradas em todo o Canadá reduziram drasticamente de 0,74 $\mu g/m^3$ em 1973 para 0,10$\mu g/m^3$ em 1989 (US Environmental Protection Agency, 1989), e isto reflecte a minimização do uso de aditivos de chumbo presentes na gasolina.

Com o nível de declínio das emissões atmosféricas de chumbo desde que foi restringida por lei a sua utilização em combustíveis, a água assumiu um novo significado como a maior fonte controlável de exposição ao chumbo nos EUA (Levin *et al.*, 1989). O chumbo pode estar presente na água da torneira, até certo ponto, como resultado da sua dissolução a partir de fontes naturais que entram nas águas subterrâneas, mas principalmente a partir de sistemas de canalização domésticos em que os tubos, soldas, acessórios ou ligações de serviço às casas contêm chumbo. O composto de chumbo pode ser encontrado em tubos de policloreto de vinilo (PVC), podendo ser lixiviado para a água potável e resultar em concentrações elevadas que podem causar problemas graves para a saúde humana. O chumbo é considerado um veneno, que pode afetar crianças até aos 6 anos de idade, bebés e mulheres grávidas, que são os mais propensos a efeitos nocivos para a saúde. Os seus resultados no sistema nervoso central podem ser fatais.

2.6.3 Crómio

O crómio é um metal que existe no petróleo e no carvão, no aço cromado, nos oxidantes de pigmentos, nos fertilizantes, nos catalisadores, na perfuração de petróleo e nos curtumes de revestimento de metais. O crómio é utilizado sobretudo em indústrias como a preservação da madeira, a galvanoplastia, a metalurgia, a produção de tintas e pigmentos, a produção química, os curtumes e a produção de pasta e papel. Estas indústrias desempenham uma função predominante na poluição pelo crómio, com um impacto desfavorável nas espécies biológicas e ecológicas (Ghani, 2011). Na sequência das actividades antropogénicas através dos seres humanos, a eliminação de águas residuais e a utilização de fertilizantes também podem levar à libertação de crómio nos arredores (Ghani, 2011).

O ar ambiente encontrado na maioria das estações nos EUA, por exemplo, continha muito pouco crómio; os níveis médios eram geralmente inferiores a 300 ng/m^3 , e os níveis médios inferiores a 20 ng/m^3 (NAS, 1980). Nas zonas onde não existem indústrias, as concentrações superiores a 10 ng/m^3 são excepcionais (NAS, 1980). As concentrações encontradas nas zonas urbanas são muito mais elevadas do que nas zonas regionais (Nriagu & Nieboer, 1988).

Os valores médios da concentração de crómio nas águas pluviais actuais variam entre 0,2 e 1 g/L (Slooff, 1989; Handa, 1988). Foram medidas concentrações de crómio na água do mar que variam entre 0,04 e 0,5 µg/L (Chromium, Geneva WHO, 1988). No Mar do Norte, foi detectada uma concentração de 0,7 µg/L (Slooff, 1989). O teor total de crómio nas águas superficiais era de aproximadamente 0,5 a 2 µg/L e o teor de crómio dissolvido de 0,02 a 0,3 µg/L (Slooff, 1989).

Estima-se que os pré-requisitos diários de crómio para adultos sejam de cerca de 0,5-2 µg de crómio (III) absorvível. Se for assumida uma taxa de absorção de 25% para o crómio (III) "biologicamente incorporado" nos alimentos, tal corresponde a uma ingestão alimentar diária de 2 a 8 µg de crómio (III), o que equivale a 0,03 a 0,13 µg de crómio (III) por kg de peso corporal por dia para um adulto de 60 kg (Janus & Krajnc, 1990).

2.6.4 Manganês

O manganês é um metal de transição abundante que se dispersa facilmente através do solo e da água. Pode existir em muitos estados de oxidação; de Mn^{3-} a Mn^{7+} . Em ambientes aquáticos, as formas primárias são dissolvidas (Mn^{2+}) e oxidadas a Mn^{3+} e Mn^{4+} . O manganês presente nas águas subterrâneas é um problema recorrente encontrado em muitos países (Patil *et al.*, 2016). Nos EUA, foram registadas concentrações elevadas de manganês, até 5,6 mg/L, em numerosos poços de água subterrânea (cerca de 68% dos poços monitorizados) (USEPA, 2002).

Os níveis de manganês no ar variam muito em função da proximidade de fontes pontuais, por exemplo, fornos de coque, centrais eléctricas e instalações de fabrico de ligas de ferro. Os níveis ambientais de manganês no ar perto de fontes industriais foram registados entre 220 e 300 ng/m^3 , ao passo que o nível de manganês presente em zonas rurais e urbanas sem fontes pontuais foi registado entre 10 e 70 ng/m^3 (Barceloux, 1999). O manganês pode também ser encontrado nas águas, tanto superficiais como subterrâneas, em resultado da erosão do solo, que pode ser lixiviado para essas águas. No entanto, as actividades antropogénicas são também responsáveis pela presença de um elevado teor de manganês na água potável de algumas zonas.

O manganês é importante para muitos organismos vivos, incluindo os humanos. O manganês é necessário para algumas enzimas, por exemplo, a superóxido dismutase de manganês, e algumas são activadas pelos elementos, incluindo: cinases e descarboxilatos). A ingestão ou exposição incorrectas podem provocar efeitos adversos na saúde. Embora o manganês seja comum em muitos alimentos, mas em baixa concentração. De acordo com estudos, os animais com deficiência em manganês parecem ter um crescimento prejudicado. Ossos esqueléticos anormais, especialmente em crianças (USEPA, 1984; Hurley & Keen, 1987).

2.6.5 Ferro

O ferro é considerado o segundo metal mais abundante na crosta terrestre, da qual representa cerca de 5%. O ferro elementar é difícil de encontrar na natureza, uma vez que os iões de ferro Fe^{2+} e Fe^{3+} se combinam facilmente com oxigénio e compostos contendo enxofre para formar óxidos, hidróxidos, carbonatos e sulfuretos. O ferro encontra-se maioritariamente na natureza sob a forma de óxidos (Elinder, 1986). Os sais de ferro (II) são considerados instáveis no abastecimento de água potável e estão a ser precipitados como hidróxido de ferro (III) insolúvel, que se deposita como um sedimento corroído. A água subterrânea que é aeróbica pode conter ferro (II) em concentrações de cerca de vários miligramas por litro sem turvação ou descoloração quando obtida diretamente de um poço, embora a cor e a turvação possam começar a desenvolver-se em sistemas canalizados em gamas de ferro superiores a 0,05 a 0,1 mg/L (Department of National and Health Welfare Canada, 1990).

Os níveis de ferro presentes no ar variam entre 50-90 ng/m^3 em áreas remotas; em áreas urbanas, os intervalos são de cerca de 1,3 $\mu g/m^3$. Foram registadas concentrações de cerca de 12 $\mu g/m^3$ na vizinhança de fábricas de produção de ferro e aço nos EUA (National Research Council, 1979). O ferro é considerado um elemento importante na dieta humana. As estimativas das necessidades mínimas diárias de ferro dependem da idade, do sexo, do estado fisiológico e da biodisponibilidade do ferro e variam entre cerca de 10 e 50 mg/dia (Requirement of Vitamin A, 1988). A dose tóxica média de ferro é de cerca de 200 a 250 mg/kg de peso corporal; no entanto, a morte ocorreu após a ingestão de doses tão baixas como 40 mg/kg de peso corporal (National Research Council, 1979). Isto mostra que, embora o corpo humano necessite de alimentos ricos em ferro, este deve ser ingerido num nível recomendado. As autópsias também mostraram necrose hemorrágica e descamação de áreas da mucosa do estômago com extensão para a submucosa.

2.7. Índices de poluição por metais pesados (HPI)

O índice de poluição por metais pesados (HPI) indica a qualidade global da água. De acordo com Mohan *et al.* (1996), as seguintes equações (equações 2.1 e 2.2) são utilizadas para calcular o índice e este é dado como

$$Q_i = \sum_{i=1}^{n} \frac{\{M_i - I_i\}}{S_i - I_i} \times 100$$

(2.1)

Em que Mi é a concentração do metal pesado na água subterrânea, Ii é a concentração ideal do metal pesado na água potável e Si são os valores padrão do metal pesado.

$$HPI = \frac{\sum_{i=1}^{n} W_i Q_i}{\sum_{i=1}^{n} W_i} \qquad (2.2)$$

Qi é o sub-índice, Wi é o peso unitário do metal pesado, e n representa o número total de parâmetros utilizados no cálculo (Mohan *et al.*, 1996). O sinal (-) indica a diferença numérica entre os dois valores, ignorando o sinal algébrico (Edet & Offiong, 2002; Giri & singh, 2014). A ponderação dos parâmetros é atribuída com base na sua importância e situa-se entre zero e um. Também pode ser considerada inversamente proporcional ao valor padrão de cada elemento (Moghaddam *et al.*, 2014). A qualidade da amostra de água é classificada com base no índice de poluição por metais pesados como: baixa poluição por metais pesados (HPI <100), poluição por metais pesados no limiar de risco (HPI = 100) e alta poluição por metais pesados (HPI > 100) (Edet & Offiong, 2002).

2.8 Índices de avaliação de metais pesados (HEI)

Edet e Offiong (2002) definiram o IES como a qualidade global da água no que respeita às concentrações de metais pesados que contém e é calculado através da equação (2.3)

$$HEI = \sum_{i=1}^{n} \frac{H_c}{H_{mac}}$$

(2.3)

Em que H_c é a concentração de metal pesado nas águas subterrâneas e H_{mac} é a concentração máxima admissível (CMA) do metal pesado.

Tabela 2.1: Classificação da água com base nos índices de poluição por metais pesados (HPI) com base em Elumalai *et al.* (2017)

Gama HPI	Qualidade
i. <25	Bom
ii. 26 a 50	Pobres
iii. 76 a 100	Muito pobre
iv >100	Inadequado

Tabela 2.2: Classificação da água com base nos índices de avaliação de metais pesados (HEI) com base em Agyemang (2020)

Gama HEI	Qualidade
i. <10	Baixa
ii. 10 a 20	Médio
iii. >20	Elevado

CAPÍTULO 3

MATERIAIS E MÉTODO

3.1: Área de estudo

A área de estudo, a comunidade de Nkoro na área da administração local de Opobo/Nkoro do Estado de Rivers, está situada na região do Delta do Níger na Nigéria. Situa-se entre a latitude 4° 34'5" N e a longitude 7° 33'10" E. Situa-se na cintura de vegetação da floresta tropical equatorial a sudeste do Estado do Rio, na Nigéria. A temperatura média anual da zona é de 25° C e a precipitação média anual varia entre 1800 e 2500 mm (Relatório Meterológico de Port Harcourt 1999-2015). A comunidade está situada na interfase entre o estuário dos rios Akwa Ibom e Imo e o Oceano Atlântico, que a rodeia com água salgada mais negra. Existem também florestas de mangais raros, das variedades vermelha e branca.

A comunidade é abençoada com diferentes furos de água fornecidos pelo Governo Federal, pelo Banco Mundial e pela União Europeia, uma vez que o terreno está rodeado de água do mar. Embora também existam alguns poços escavados à mão em alguns locais, as casas de banho com cisternas públicas também são frequentes na comunidade, a fim de desencorajar a defecação ao ar livre, que também tem sido um problema na comunidade.

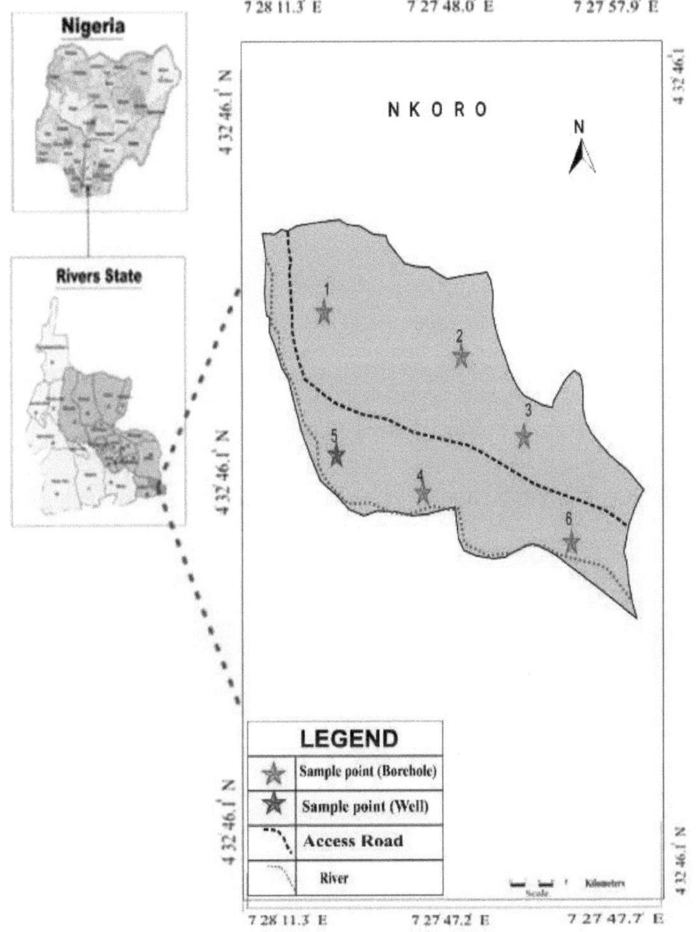

Fig. 3.1: Área de amostragem

3.2: Produtos químicos/reagentes

Todos os produtos químicos utilizados neste estudo eram de grau analítico e produtos da Central Drug House (P), Ltd, Índia, LOBA Chemie Laboratory Reagents and fine Chemicals, Índia, BDH Chemical Ltd. Poole-Inglaterra, May and Baker, Inglaterra, Alemanha.

3.3: Amostragem / Recolha

Para a presente investigação, foram recolhidas amostras de água em seis (6) locais (Fig. 3.1). Cinco (5) de furos e uma (1) de um poço escavado à mão durante a estação húmida (junho de 2021) e na estação seca (dezembro de 2021) (Fig. 3.2).

Quadro 3.1: Localização dos seis (6) pontos de amostragem na comunidade de Nkoro

Sítios	Locais/fontes de amostragem	Códigos de amostra	Latitude	Longitude	Número de amostras (triplicado) (n=3)
1	Nkoro (II) Projeto de água do Governo Federal (furo).	SS1BO	$4°32'46.1"N$	$7°28'11.3"E$	3
2	Nkoro (II) Projeto de água do Banco Mundial (furo de sondagem).	SS2BO	$4°32'43.9"N$	$7°27'57.9"E$	3

3	Nkoro (III) Furo individual	SS3BO	4° 32'44.3 "N	7° 27'48.0 "E	3
4	Nkoro(III) A União Europeia (1) (furo de sondagem)	SS4BO	4° 32'40.4 "N	7° 27'47.7 "E	3
5	Nkoro (III) (Poço)	SS5WE	4° 32'39.7 "N	7° 27'47.2 "E	3
6	Nkoro (I) A União Europeia (2) (furo de sondagem)	SS6BO	4° 32'45.3 "N	7° 27'49.0 "E	3

Fig. 3.2: Fonte de amostragem

Seis (6) locais estratégicos, com a ajuda do Sistema de Posicionamento Global (GPS), foram identificados para a recolha de amostras de água de cinco (5) furos e um poço, três de cada local, perfazendo dezoito (18) amostras de água. As amostras foram colhidas durante as horas da manhã, quando a água é bombeada de fresco, tanto na estação húmida como na estação seca (junho de 2021 e dezembro de 2021). As torneiras de onde foram recolhidas as amostras de água foram bombeadas e deixadas a correr durante cerca de 10 minutos antes da recolha, para evitar a contaminação pela estrutura da parede e expulsar os sedimentos finos e suspensos no aquífero do furo. Todas as amostras foram colhidas em recipientes de plástico de 1L, previamente lavados e bem rotulados. As amostras de água para análise microbiana foram colhidas em frascos esterilizados de 120 ml e adicionou-se ácido nítrico para os metais pesados. As amostras de água para a análise da carência bioquímica de oxigénio e do oxigénio dissolvido foram recolhidas em dois frascos âmbar de 75 ml separados. As amostras de OD foram fixadas imediatamente após a recolha, adicionando 5 gotas de cada um dos reagentes de Winkler I e II, enquanto as amostras de CBO foram armazenadas juntamente com as amostras de OD a 4° C numa arca frigorífica antes da análise química no laboratório. Os diferentes parâmetros foram medidos com a utilização de um método de análise padrão.

3.4: Análises da água

Os parâmetros físico-químicos foram medidos em laboratório. A temperatura da água (Temp), a condutividade eléctrica (CE), a cor (TCU), o pH e os sólidos totais dissolvidos (TDS) foram medidos in situ com um instrumento de laboratório multiparâmetros para a qualidade da água (instrumento ExTECH D0700). As medições laboratoriais de sulfato, nitrato, fosfato, cloreto, alcalinidade, cálcio, magnésio e dureza total foram determinadas utilizando métodos e procedimentos normalizados da American Public Health Association, da American Water Works Association e da Water Environment Federation (APHA, 1998). Entre os parâmetros químicos analisados, SO_4^{2-} (determinado pelo método turbidimétrico), NO_3^- (determinado pelo método da brucina), PO_4^{3-} (determinado pelo método do cloreto estanoso), e os seus níveis foram estimados por espetrofotometria. A alcalinidade total (TA), a dureza total (TA) e as concentrações de cloreto (Cl⁻), cálcio, magnésio e Oxigénio Dissolvido (DO) e Carência Química de Oxigénio (CQO) foram determinadas por titulação. A CBO_5 foi analisada por titulação após incubação durante 5 dias no escuro a 20º C. Os metais pesados (Fe, Cr, Cu, Mn e Pb) foram quantificados utilizando o Espectrofotómetro de Absorção Atómica modelo 200 após a digestão da amostra. As análises biológicas, bactérias heterotróficas, bactérias fecais e coliformes totais foram efectuadas utilizando a técnica de contagem em placas.

3.5: Determinação dos parâmetros físico-químicos

3.5.1: Determinação do pH

A amostra de água foi recolhida para um balão de 1000 ml e o medidor de pH foi utilizado para determinar o pH da água. As medições foram efectuadas quatro vezes e a média foi determinada (APHA, 1998).

3.5.2: Sólidos totais dissolvidos

Os sólidos totais dissolvidos foram calculados a partir da condutividade, utilizando a equação 3.1.

$$TDS = \frac{2}{3} \times$$

$$Conductivity \tag{3.1}$$

AK = S,

Em que A = fator de multiplicação para converter os valores de condutividade em TDS

K= Condutividade em µS/cm.

S= sólidos dissolvidos totais em mg/L.

A= 0.667.

3.5.3: Determinação do DO

O método de Winkler foi utilizado para medir o oxigénio dissolvido. Adicionaram-se 5 ml de sulfato de manganês, 5 ml de azida de iodeto alcalino, 1 ml de ácido sulfúrico concentrado ($H_2 SO_4$) e 1 ml de indicador de amido a uma alíquota de 25 ml que foi retirada da amostra de água tratada e agitada. A solução foi então titulada com tiossulfato de sódio padrão 0,025 m (Na S O_{223} .5H_2 O) até que a cor azul mude para incolor, indicando o ponto final (Best *et al.,* 2007). O volume de tiossulfato de sódio (Na S O_{223} .5H_2 O) utilizado foi registado e calculado. DO (mg/L) = volume de 0,025M Na S O_{223} .5H_2 O utilizado (equação 3.2).

$$DO_{initial} = Tv \times 2.03 \times 4$$

(3.2)

3.5.4: Determinação da carência bioquímica de oxigénio (CBO)

As amostras de água foram incubadas no escuro durante cinco dias. O OD foi determinado pelo método de Winkler. Foram efectuadas duas determinações de DO, uma antes da incubação (inicial) e outra após a incubação, respetivamente. A CBO foi depois calculada com base na diferença dos dois níveis de OD (equação 3.3 e 3.4).

$$DO_{5icubated} = TV \times 2.03 \times 4$$

(3.3)

$$BOD = DO_{initial} - DO_{5incubated}$$

(3.4)

3.5.5: Determinação da carência química de oxigénio (CQO)

A CQO das amostras de águas superficiais e subterrâneas foi determinada utilizando o método padrão descrito por Ademoroti (1996).

Colocou-se uma porção (0,4 g) de $Hg_2\,SO_4$ num balão de refluxo. Cerca de 20 ml das amostras foram diluídos com 20 ml de água destilada. Uma solução padrão (10 ml) de K $1M_2$ Cr O_{27} foi então adicionada a esferas de vidro já aquecidas a 600° C durante 1 hora. O balão foi então ligado ao condensador de refluxo e cerca de 30 ml de H concentrado$_2$ SO_4 contendo $Ag_2\,SO_4$ foram adicionados através da extremidade aberta do condensador. A solução foi depois cuidadosamente misturada por comutação. A mistura foi mantida em refluxo durante 1 hora, arrefecida e o condensador foi lavado com cerca de 25 ml de água destilada. A mistura foi diluída com 150 ml de água destilada e arrefecida à temperatura ambiente. Adicionaram-se cerca de 3 gotas de indicador de ferroína (0,10-0,15 ml). A mistura foi então titulada com 0,25M de (sulfato de amónio ferroso padrão) Fe(NH $)_{42}$ (SO $)_{42}$ tomando como ponto final a mudança brusca de cor de azul-verde para castanho-avermelhado. Da mesma forma, um branco contendo 20 ml de água destilada foi refluxado juntamente com o reagente. O cálculo foi efectuado utilizando a equação 3.5.

Cálculo:

$$\frac{mg}{L}\,COD\,\frac{(a-b) \times M \times 16000}{Volume\ of\ Sample\ (ml)} \tag{3.5}$$

Em que a = volume de Fe(NH$_4$)$_2$ (SO$_4$)$_2$ utilizado como branco

b = volume de Fe(NH$_4$)$_2$ (SO$_4$)$_2$ utilizado para a amostra.

M= molaridade do Fe(NH$_4$)$_2$ (SO$_4$)$_2$

3.5.6: Determinação do ião cloreto (Cl)$^-$

Este valor foi determinado colocando 50 ml da amostra de água num copo de 250 ml. O pH foi ajustado para o intervalo de 7-10 adicionando gradualmente H$_2$SO$_4$, 0,25 ml de K$_2$CrO$_4$ foi adicionado como indicador e a solução foi titulada com nitrato de prata 0,1 N que muda de amarelo para vermelho tijolo no ponto final. O cloreto foi calculado utilizando a equação 3.6

$$\frac{TV - B \times N \times 35.45 \times 1000}{Volume\ of\ Sample\ (ml)} \tag{3.6}$$

Em que Tv = valor do título, N= normalidade do titulante, B= branco

3.5.7: Determinação da cor e da turvação

Esta foi medida com a ajuda de um colorímetro, tendo sido utilizada uma amostra em branco para calibração, após o que as amostras de água foram colocadas numa garrafa de amostra, bem limpas e colocadas no colorímetro.

3.5.8: Determinação do nitrato (NO)$_3$$^-$

Foram introduzidos 2 ml das amostras de água em diferentes tubos de ensaio, seguidos da adição de 2 ml de H concentrado$_2$ SO$_4$. Em seguida, foram adicionados 0,2 ml de reagente de Brucina (dimetoxistricnina-C 3H 6O$_{2242}$ N.2H$_2$ O), aquecidos durante 25 minutos e analisados utilizando o espetrofotómetro UV a 410 nm. O nitrato foi calculado utilizando a equação 3.7

$$(A - B) \times 1.8078 + 0.354$$

(3.7)

A = Valor de observação, B= Em branco.

3.5.9: Determinação do sulfato (SO$_4^{2-}$) Método turbidimétrico

Mediram-se 10 ml da amostra de água num erlenmeyer de 200 ml e adicionaram-se 0,5 ml de reagente de condicionamento e alguns gramas de BaCl$_2$. A absorvância da luz da suspensão de BaSO$_4$ é medida por espetrofotómetro a 420 nm.

3.5.9.1: Preparação do reagente de condicionamento:

Misturaram-se cerca de 50 ml de glicerol com 30 ml de solução de HCl conc, 300 ml de água destilada, 100 ml de álcool isopropílico a 95 % e 75 g de NaCl.

3.5.10: Determinação da condutividade

Esta foi medida com um medidor de condutividade eléctrica do tipo caneta (Dist 3 HI 98303 HANNA). A sonda do medidor foi lavada com água desmineralizada, para cada medição. Em seguida, a sonda foi imersa na amostra contida num copo limpo e a medição foi efectuada, sendo o valor indicado expresso em µs/cm.

3.5.11: Sólidos suspensos totais:

Para os SST, cada amostra de cerca de 100 ml foi filtrada através de um disco de filtro de fibra de vidro Whatman (5,5 cm de diâmetro), utilizando uma bomba de ar. Cada filtro foi então colocado num tabuleiro de estanho (os tabuleiros de estanho e o filtro de fibra de vidro foram previamente secos a 105° C e pesados na estufa), colocado na estufa e seco a 105° C durante pelo menos 2 horas. Os tabuleiros e os filtros utilizados foram novamente pesados. A diferença entre o peso final e o peso inicial indica a quantidade de sólidos em suspensão na amostra. Os SST mg/L foram calculados pela equação 3.8.

$$TSS \left(\frac{mg}{L}\right) = \frac{(A - B) \times 1000,000}{\text{volume of sample (mL)}} \tag{3.8}$$

Sendo A = peso do filtro de fibra de vidro + resíduo seco, em gramas.

B = peso do papel de filtro em gramas.

3.5.12: Dureza total

Recolher 25 ml de amostra para um erlenmeyer de 200 ml. Adicionou-se 1 ml de tampão NH_4 como indicador. Em seguida, adicionou-se uma pitada de negro de ericómio T. Esta solução preparada foi titulada contra a solução de EDTA. A cor rosa real da solução transformou-se em azul, mostrando a conclusão da titulação. A dureza total foi calculada utilizando a equação 3.9.

$$\frac{Tv \times m \times 1000}{Volume\ of\ sample\ (ml)} \tag{3.9}$$

Em que m = mol, Tv = valor de título

3.5.13: Dureza cálcica

Utilizou-se um tampão NaOH de cerca de 0,2 ml como indicador e seguiu-se o mesmo método da dureza total.

Cálculo com base na equação 3.10:

$$Calcium\ as\ (Ca^{2+})$$
$$= Calcium\ Hardness$$
$$\times 0.4\ (mg/L) \tag{3.10}$$

3.5.14: Dureza do magnésio = Dureza total - Dureza do cálcio (mg/L)

$$Magnesium\ as\ (Mg^{2+}) = Magnesium\ Hardness \times 0.2428\ (mg/L)$$
$$(3.11)$$

3.5.15: Determinação do fosfato

Recolher 25 ml de amostra para um erlenmeyer de 200 ml. 1 ml de NH_4 Molibdato e 2 gotas de cloreto estanoso deixam passar cerca de 15 minutos para se observar uma coloração azul, que é analisada no espetrofotómetro a 660 nm. O fosfato foi calculado pela equação 3.12

Cálculo:

$$(A - B) \times 0.2939$$

$$+\ 0.0133 \tag{3.12}$$

3.5.16: Alcalinidade total

Recolheram-se 50 ml da amostra para um erlenmeyer de 200 ml. Em seguida, adicionam-se 3 gotas de alaranjado de metilo e titula-se com 0,025 N de $H\,SO_{24}$, que passa de cor de laranja a cor-de-rosa como ponto final. A alcalinidade total foi calculada utilizando a equação 3.13

$$\frac{Tv \ \times N \times 50000}{Volume\ of\ sample\ (ml)} \tag{3.13}$$

Onde N =Normalidade do titulante, Tv = valor do título

3.6 : Análises microbianas de amostras de água

i. Avaliação de coliformes totais e coliformes fecais

Foi preparada uma diluição seriada de cerca de dez vezes da amostra de água em água destilada estéril. Foram utilizadas as diluições 10^2 e 10^4 . Em seguida, cerca de 1 ml da amostra foi transferido assepticamente para o centro de um ágar Eosine Methylene Blue (E.M.B) preparado. Utilizando uma vareta esterilizada, a água que caiu foi espalhada uniformemente na superfície do ágar. Este procedimento foi repetido e as placas foram incubadas durante 24 horas a 44,5 °C. As colónias fermentadoras de lactose formadas foram contadas como coliformes totais e coliformes fecais em

CFU/ml, e o valor multiplicado pelo fator de diluição para obter o nível real das bactérias em cada uma das amostras de água analisadas.

ii. Bactérias heterotróficas totais (THB)

As amostras de água dos vários locais foram inoculadas assepticamente nas superfícies secas e estéreis de três placas de ágar nutriente (Oxoid) por amostra, utilizando a técnica da placa espalhada, e incubadas a 37 °C durante 48 horas para contagem de bactérias mesófilas aeróbias. O número de unidades formadoras de colónias foi contado utilizando um contador de colónias com iluminação digital (Gallenkamp, Reino Unido). Os valores obtidos foram multiplicados pelo fator de diluição para obter os níveis microbianos reais. Os números das contagens foram expressos em unidades formadoras de colónias (UFC) por ml de amostra.

3.7: Análise de metais pesados em amostras de água.

As amostras foram preservadas com 1 ml de HNO_3 , tendo sido depois retirados cerca de 20 ml das amostras e a concentração de cada metal foi determinada utilizando o espetrómetro de absorção atómica (AAS) Perkin Elmer AAnalyst 200 com lâmpadas e padrões de metal adequados.

3.8: Índices de Qualidade da Água (IQA)

O cálculo do índice de qualidade da água tem por objetivo transformar dados complexos sobre a qualidade da água em informações compreensíveis e utilizáveis pelo público. Por conseguinte, o índice de qualidade da água (IQA) é uma técnica muito útil e eficiente que pode fornecer um indicador simples da qualidade da água e que se baseia principalmente em alguns parâmetros muito essenciais. Neste estudo, o índice de qualidade da água (IQA) foi calculado utilizando o método do índice aritmético ponderado, tal como descrito por (Cude, 2001, Brown *et al.*, 1970). Neste modelo, os diferentes parâmetros de qualidade da água são multiplicados por um fator de ponderação e depois agregados através de uma média aritmética simples. Para avaliar a qualidade da água neste estudo, em primeiro lugar, a escala de classificação da qualidade (Qi) para cada parâmetro foi calculada através da equação 3.14;

Onde,

Qn = Classificação da qualidade do n-ésimo parâmetro para um total de n parâmetros de qualidade da água

$$Qn = \frac{Vobserved - Videal}{Vstandard - Videal} \times 100 \tag{3.14}$$

V observado = Valor efetivo do parâmetro de qualidade da água obtido por análise laboratorial.

V ideal = Valor ideal desse parâmetro de qualidade da água obtido a partir das tabelas normalizadas.

V ideal para pH = 7 e para os outros parâmetros é igual a zero (0), mas para DO V ideal = 14,6 mg/L.

Norma V = norma recomendada pela OMS/SON para o parâmetro de qualidade da água.

Em seguida, após o cálculo da escala de classificação da qualidade (Qn), o peso relativo (unitário) (Wn) foi calculado por um valor inversamente proporcional à norma recomendada (Sn) para o parâmetro correspondente, utilizando a seguinte expressão (equação 3.15).

$$Wn = \frac{K}{Sn} \qquad (3.15)$$

Onde,

Wn = Peso relativo (unitário) para o n-ésimo parâmetro

Sn = o valor padrão admissível para o n-ésimo parâmetro

K = Constante de proporcionalidade.

O que significa que o peso relativo (unitário) (Wn) para vários parâmetros de qualidade da água é inversamente proporcional às normas recomendadas para os parâmetros correspondentes.

Por último, o IQA global foi calculado através da agregação direta da classificação da qualidade com o peso unitário, utilizando a equação 3.16.

$$WQI = \frac{\sum WnQn}{\sum Wn} \qquad (3.16)$$

Onde,

Qn = Classificação da qualidade

Wn = Peso relativo

De um modo geral, o IQA é definido para uma utilização específica e pretendida da água. Neste estudo, o índice de qualidade da água (IQA) foi considerado para consumo ou utilização humana e o valor máximo admissível do IQA para a água potável foi considerado como 100 pontos.

Tabela 3.2: Índices de Qualidade da Água (IQA) e respetivo estado (Emeka *et al.*, 2020)

Índice de qualidade da água	Estado
i. 0-25	Excelente
ii. 26-50	Bom
iii. 51-75	Mau
iv. 75-100	Muito mau
v. 100 e mais	Inapto

CAPÍTULO 4

RESULTADOS

4.1 Introdução

Este capítulo centra-se nos resultados dos dados recolhidos nos furos sazonais e na qualidade da água dos poços na comunidade de Nkoro para diferentes estações. Os resultados dos parâmetros físico-químicos analisados foram a temperatura, o pH, a condutividade, os sólidos suspensos totais, os sólidos dissolvidos totais, o oxigénio dissolvido, a carência bioquímica de oxigénio, a carência química de oxigénio, o sulfato, o fosfato, o nitrato, a dureza total, a turvação, o cálcio, a cor, o cloreto, o magnésio e a alcalinidade. Os metais pesados, como o chumbo, o ferro, o manganês, o crómio e o cobre, também são fornecidos, enquanto os resultados dos parâmetros microbianos, como as bactérias heterotróficas totais, o coliforme total e o coliforme fecal, e os valores médios dos parâmetros físico-químicos em todas as estações são apresentados em tabelas. As matrizes de correlação dos metais pesados e dos parâmetros físico-químicos são também apresentadas nos quadros seguintes. As variações dos resultados em função das estações são apresentadas nas figuras seguintes.

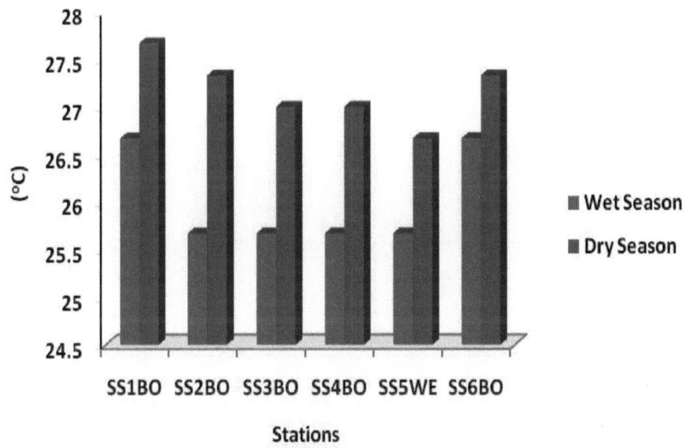

Fig. 4.1: Variação da temperatura nas estações húmida e seca em todas as estações

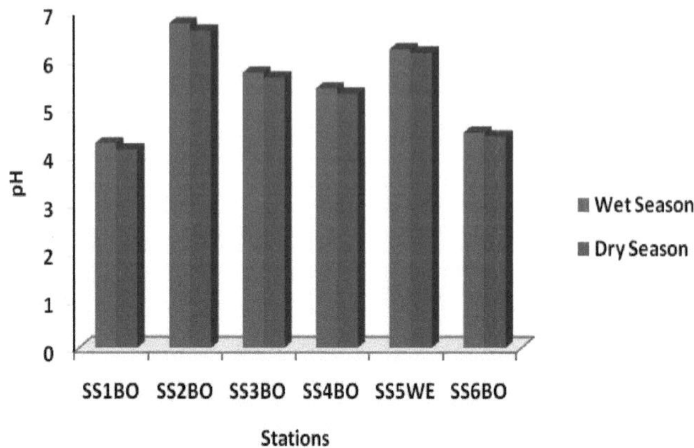

Fig. 4.2: Variação do pH nas estações húmida e seca em todas as estações

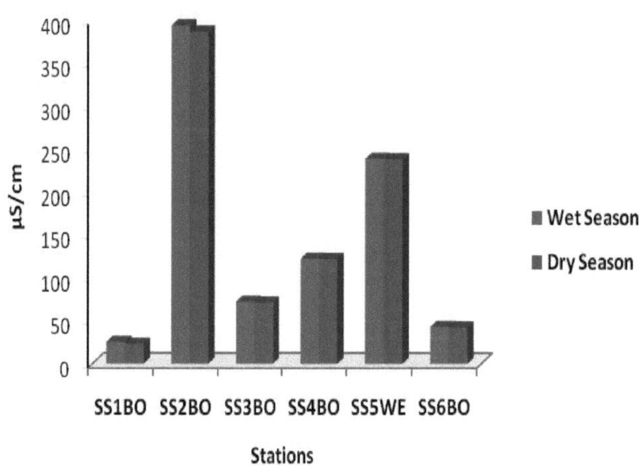

Fig. 4.3: Variação da Condutividade nas Estações Húmida e Seca em Todas as Estações

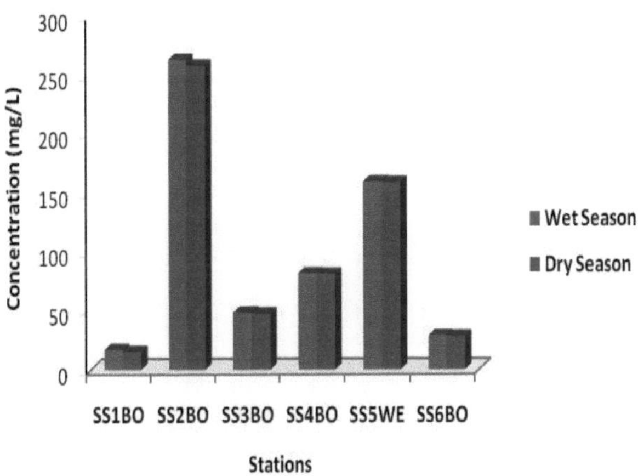

Fig. 4.4: Variação dos sólidos totais dissolvidos nas estações húmida e seca em todas as estações

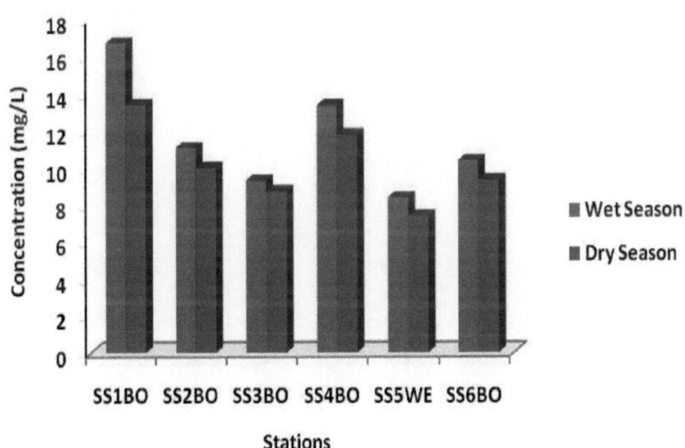

Fig. 4.5: Variação dos sólidos suspensos totais nas estações húmida e seca em

todas as estações

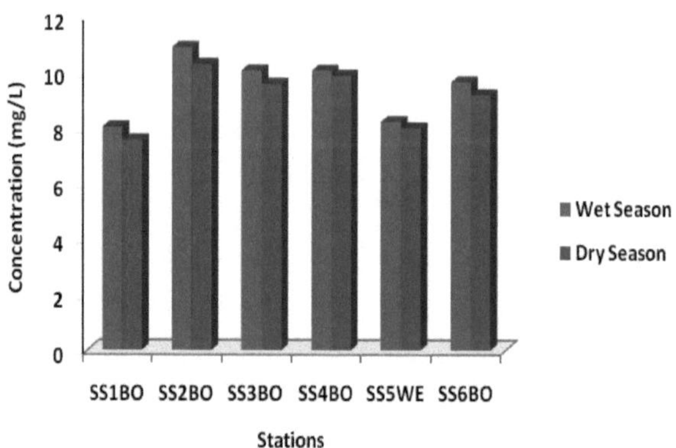
12
10
8
6
4
2
0
Concentration (mg/L)
SS1BO SS2BO SS3BO SS4BO SS5WE SS6BO
Stations
Wet Season
Dry Season

Fig. 4.6: Variação do oxigénio dissolvido nas estações húmida e seca em todas as

estações

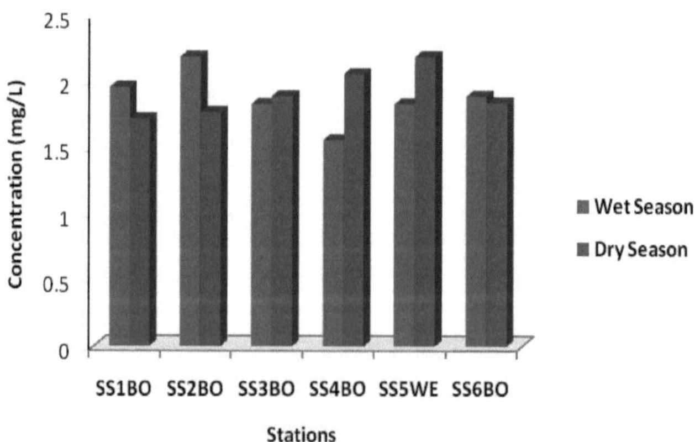
2.5
2
1.5
1
0.5
0
Concentration (mg/L)
SS1BO SS2BO SS3BO SS4BO SS5WE SS6BO
Stations
Wet Season
Dry Season

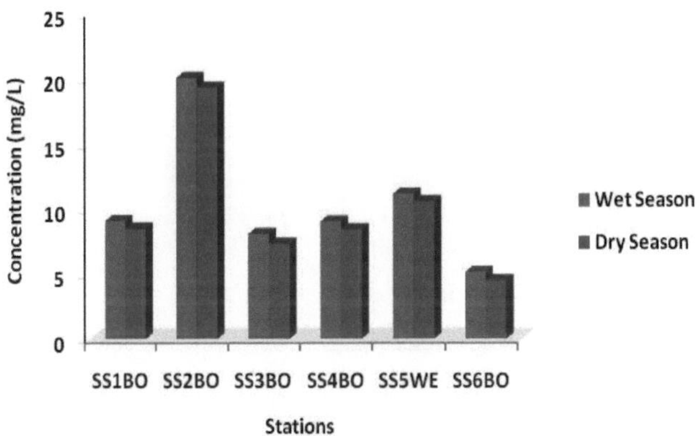

Fig. 4.8: Variação da carência química de oxigénio nas estações húmida e seca

em todas as estações

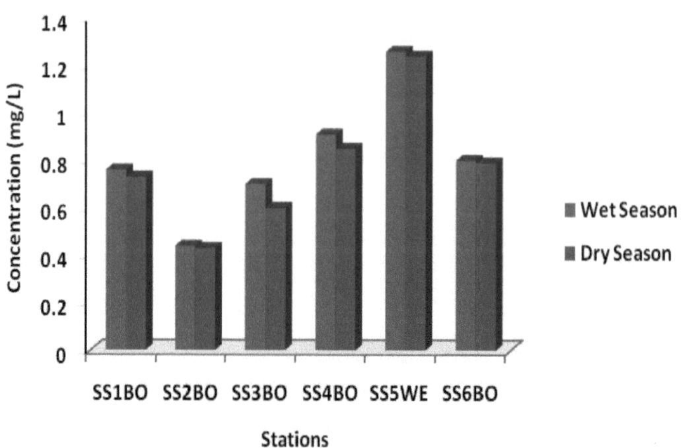

Fig. 4.9: Variações de sulfato nas estações húmida e seca em todas as estações

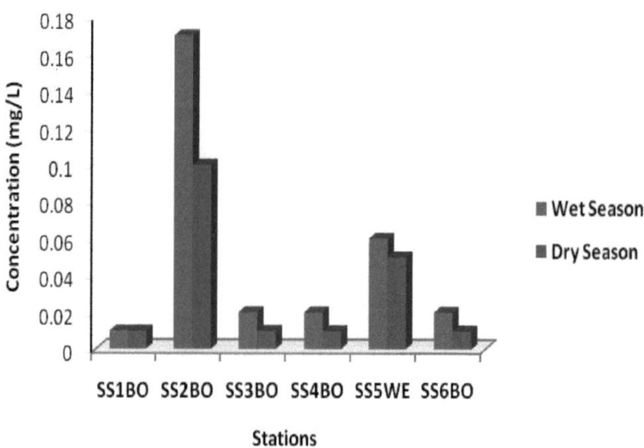

Fig. 4.10: Variação do fosfato nas estações húmida e seca em todas as estações

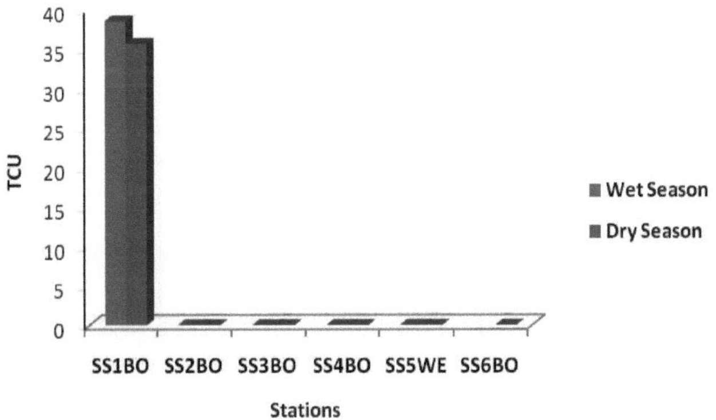

Fig. 4.11: Variação da cor nas estações húmida e seca em todas as estações

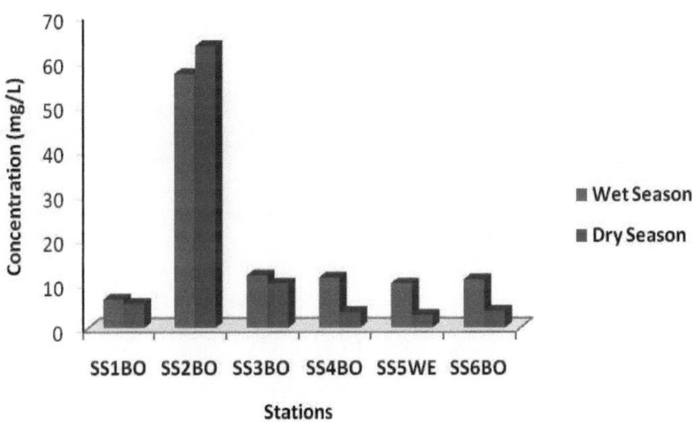

Fig. 4.12: Variações de cloreto nas estações húmida e seca em todas as estações

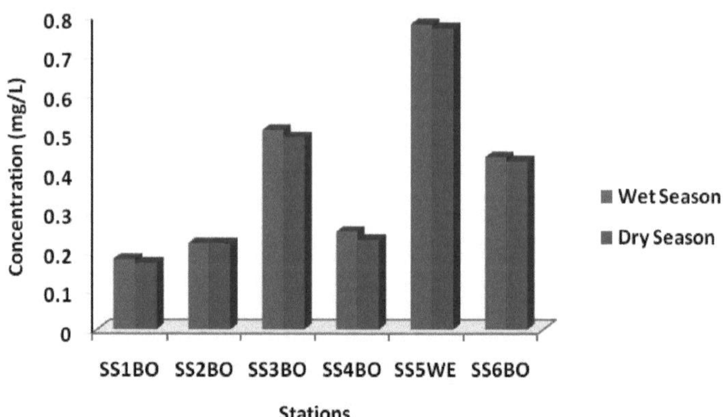

Fig. 4.13: Variação do nitrato nas estações húmida e seca em todas as estações

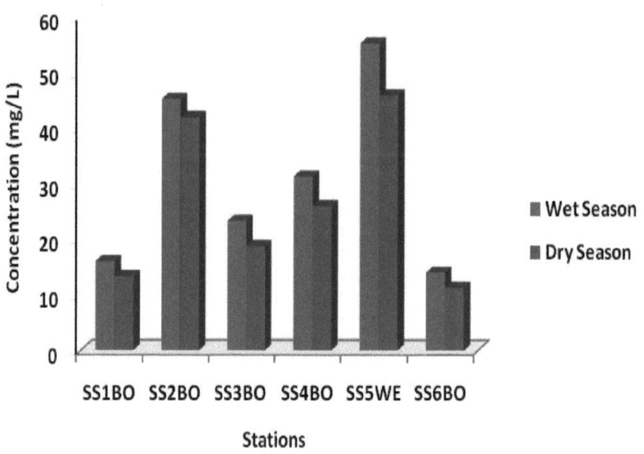

Fig. 4.14: Variação da dureza total nas estações húmida e seca em todas as estações

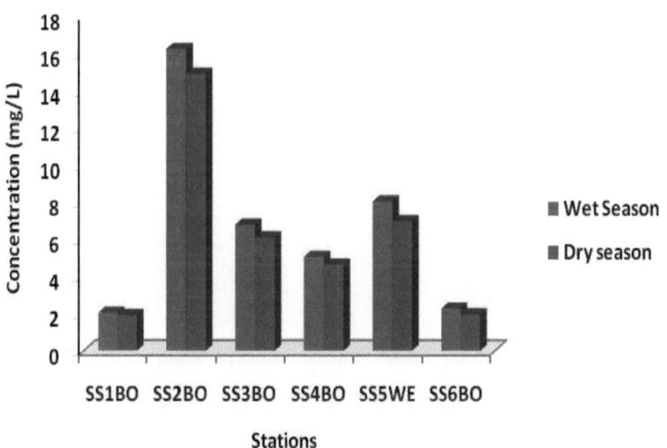

Fig. 4.15: Variação do cálcio nas estações húmida e seca em todas as estações

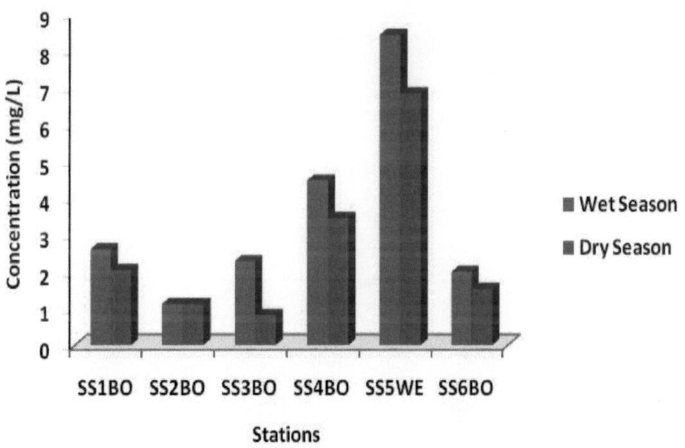

Fig. 4.16: Variação do magnésio nas estações húmida e seca em todas as estações

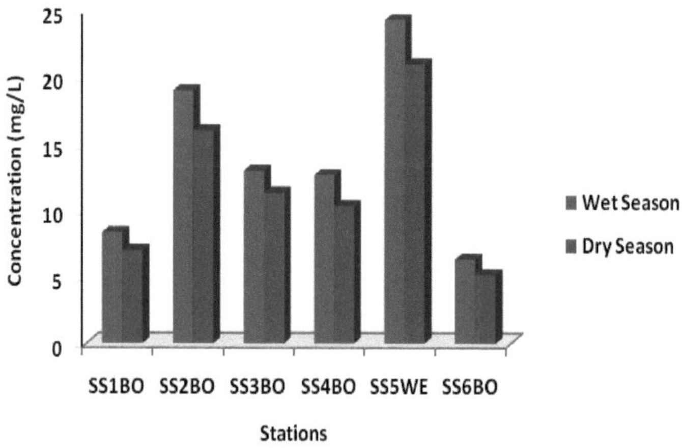

Fig. 4.17: Variação da alcalinidade nas estações húmida e seca em todas as estações

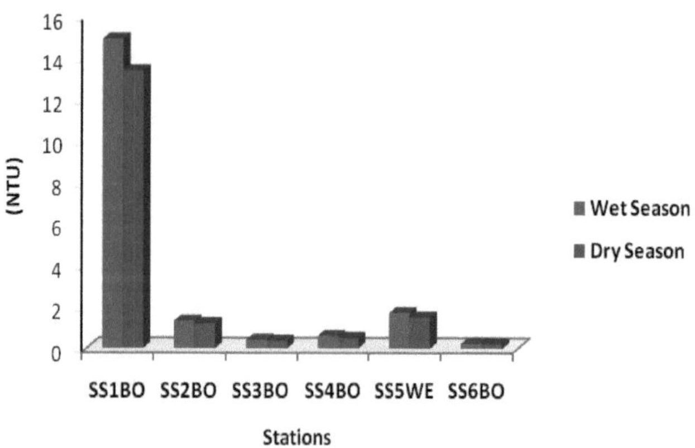

Fig. 4.18: Variação da Turbidez nas Estações Húmida e Seca em todas as
estações

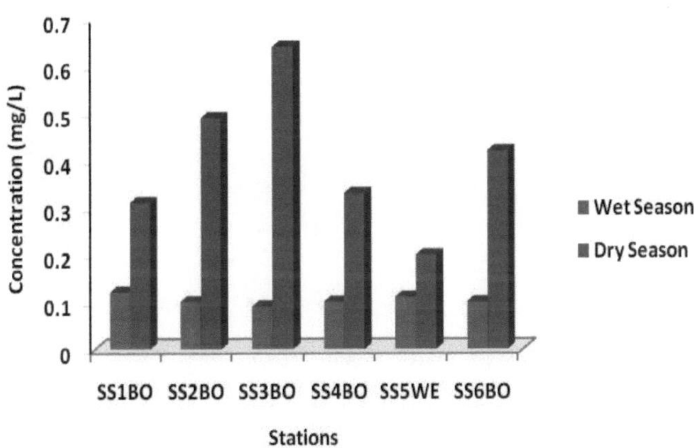

Fig. 4.19: Variação do chumbo nas estações húmida e seca em todas as estações

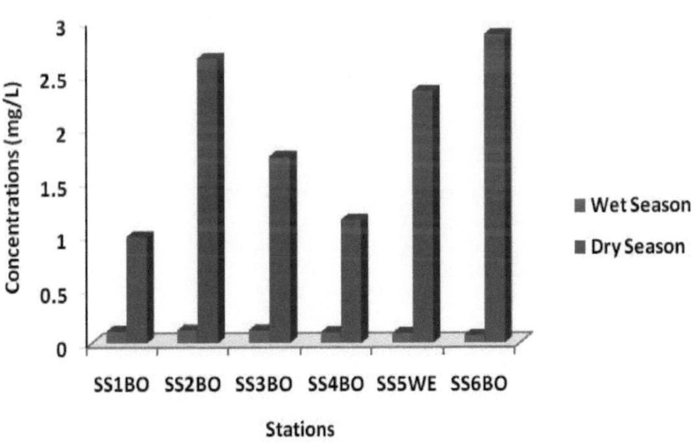

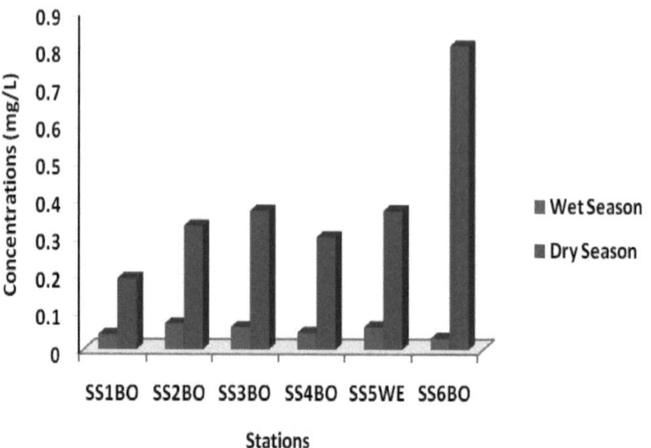

Fig. 4.21: Variação do manganês nas estações húmida e seca em todas as

estações

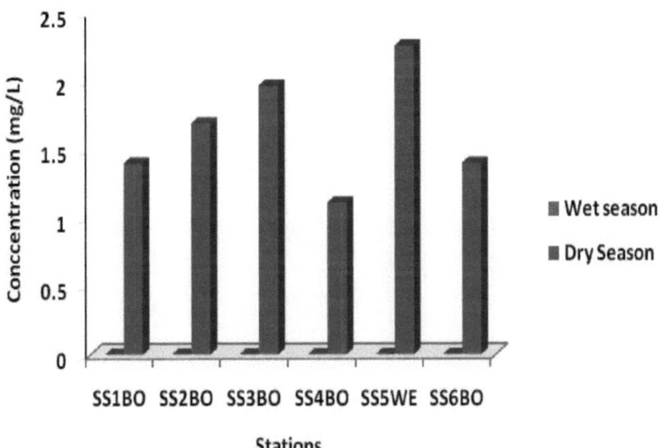

Fig. 4.22: Variação do crómio nas estações húmida e seca em todas as estações

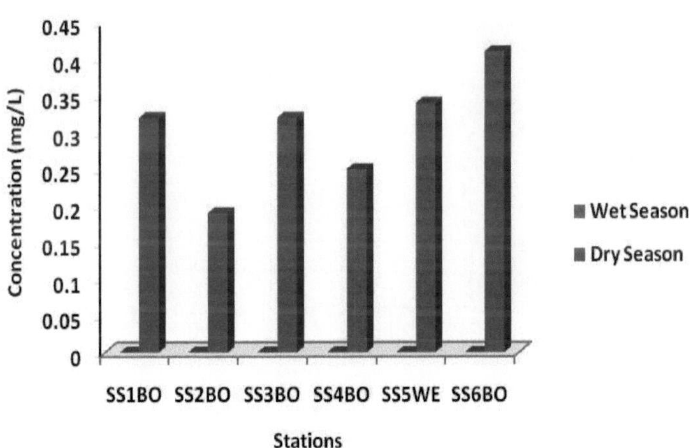

Fig. 4.23: Variação do cobre nas estações húmida e seca em todas as estações

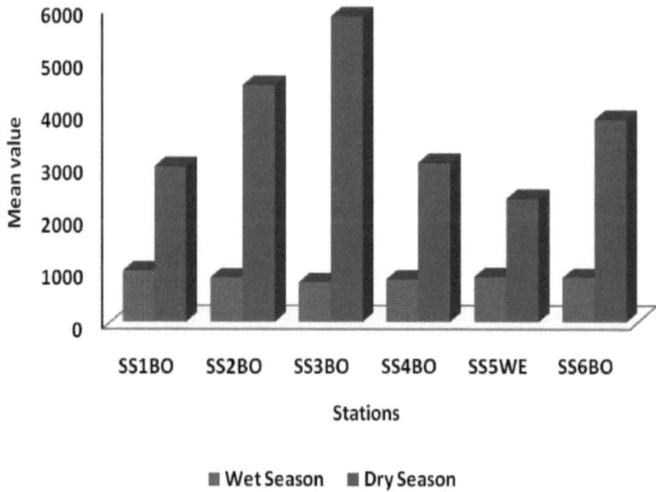

Fig 4.24: Índices globais de poluição por metais pesados (HPI) em todas as estações, tanto na estação húmida como na estação seca

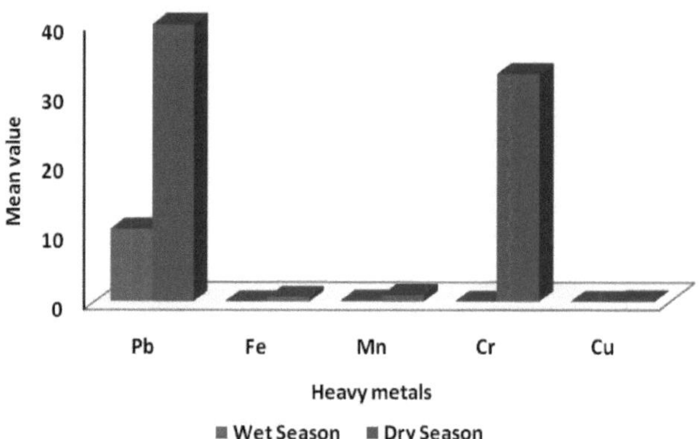

Tabela 4.1a. Concentrações de parâmetros microbiológicos para a estação húmida

Estação	Bactérias Heterotróficas Totais (THB) (CFU/ml)	Bactérias coliformes totais (TCB) (CFU/ml)	Bactérias coliformes fecais (FCB) (E.Coli) (CFU/ml)
SS1BO	0.5×10^2	Nulo	Nulo
SS2BO	0.1×10^2	Nulo	Nulo
SS3BO	0.2×10^2	Nulo	Nulo
SS4BO	0.4×10^2	Nulo	Nulo
SS5WE	0.2×10^2	Nulo	Nulo
SS6BO	0.3×10^2	Nulo	Nulo
Limite da OMS	<100CFU/ml	0-2	0

Legenda: SS1BO (projeto de água assistido pelo Governo Federal), SS2BO (projeto de água assistido pelo Banco Mundial), SS3BO (furo individual), SS4BO (projeto de água da União Europeia I), SS5WE (água de poço) e SS6BO (projeto de água da União Europeia II).

Tabela 4.1b. Concentrações dos parâmetros microbiológicos para a estação seca

Estação	Bactérias Heterotróficas Totais (THB) (CFU/ml)	Bactérias coliformes totais (TCB) (CFU/ml)	Bactérias coliformes fecais (FCB) (E.Coli) (CFU/ml)
SS1BO	1.9×10^4	1.1×10^4	Nulo

SS2BO	0.2×10^4	Nulo	Nulo
SS3BO	0.5×10^4	0.3×10^4	Nulo
SS4BO	0.9×10^4	Nulo	Nulo
SS5WE	4.4×10^4	3.4×10^4	Nulo
SS6BO	0.5×10^4	0.2×10^4	Nulo
OMS	<100 CFU/ml	0-2	0

Legenda: SS1BO (projeto de água assistido pelo Governo Federal), SS2BO (projeto de água assistido pelo Banco Mundial), SS3BO (furo individual), SS4BO (projeto de água da União Europeia I), SS5WE (água de poço) e SS6BO (projeto de água da União Europeia II).

Tabela 4.2a. Estado dos índices de qualidade da água das estações de amostragem com base na classificação WQI (estação húmida) de acordo com Emeka *et al.* (2020)

ID da amostra.	WQI	Estado
SS1BO	358.78	Inapto
SS2BO	19.41	Excelente
SS3BO	21.10	Excelente
SS4BO	23.35	Excelente

SS5WE	26.09	Bom
SS6BO	27.63	Bom

Tabela 4.2b. Estado da qualidade da água nas estações de amostragem com base na classificação do IQA

(Estação seca)

Identificação da amostra.	WQI	Estado
SS1BO	333.66	Inapto
SS2BO	19.23	Excelente
SS3BO	21.89	Excelente
SS4BO	24.68	Excelente
SS5WE	26.62	Bom
SS6BO	28.15	Bom

Tabela 4.3. Valores médios dos parâmetros físico-químicos em todas as estações

Parâmetros	Estações do ano	
	Húmido	**Seco**
TEMPERATURA ($^{\circ}$ C)	26.00 ± 0.58	27.17 ± 0.72
pH	5.47 ± 0.34	5.37 ± 0.13
CONDUCTIVIDADE (μS/cm)	149.33 ± 19.38	147.31 ± 19.76

TDS (mg/L)	99.61 ± 12.92	98.25 ± 13.18
SST (mg/L)	11.54 ± 0.51	10.11 ± 0.60
TURBIDEZ (NTU)	3.20 ± 0.03	2.86 ± 0.22
CBO (mg/L)	1.88 ± 1.02	1.91 ± 0.92
DO (mg/L)	9.51 ± 0.35	9.11 ± 0.44
CQO (mg/L)	10.42 ± 0.13	9.78 ± 0.31
SULFATO (mg/L)	0.81 ± 0.14	0.77 ± 0.48
FOSFATO (mg/L)	0.05 ± 0.01	0.03 ± 0.00
NITRATO (mg/L)	0.40 ± 0.21	0.39 ± 0.22
T. DUREZA (mg/L)	30.89 ± 3.88	26.24 ± 3.55
CÁLCIO (mg/L)	6.75 ± 2.03	6.10 ± 2.02
MAGNÉSIO (mg/L)	3.49 ± 1.50	2.64 ± 1.50
ALCALINIDADE (mg/L)	13.94 ± 0.93	11.81 ± 1.27
COR (TCU)	6.42 ± 1.51	5.95 ± 1.36
CLORETO (mg/L)	17.90 ± 3.27	14.82 ± 3.81
CHUMBO (mg/L)	0.10 ± 0.01	0.40 ± 0.08
FERRO (mg/L)	0.10 ± 0.01	1.96 ± 0.65
MANGANÊS (mg/L)	0.05 ± 0.01	0.40 ± 0.10
CROMO (mg/L)	ND	1.64 ± 0.64
COBRE (mg/L)	ND	0.31 ± 0.14

Tabela 4.4. Estatísticas do teste T de duas amostras emparelhadas ao nível de significância de 0,05 (bicaudal).

Parâmetros	Período do ano	Média ± DP	N	Df	Teste T	Valor de p
Temperatura ($^{\circ}$C)	Estação húmida	26.00 ± 0.58	6	5	-8.165	0.000
	Estação seca	27.17 ± 0.72				
pH	Estação húmida	5.47 ± 0.34	6	5	8.526	0.000
	Estação seca	5.37 ± 0.13				
Condutividade (µS/cm)	Estação húmida	149.33 ± 19.38	6	5	1.879	0.119
	Estação seca	147.31± 19.76				
TDS (Mg/L)	Estação húmida	99.61 ± 12.92	6	5	1.877	0.119
	Estação seca	98.25 ± 13.18				
SST (Mg/L)	Estação húmida	11.54 ± 0.51	6	5	3.559	0.016
	Estação seca	10.11 ± 0.60				
Turbidez (NTU)	Estação húmida	3.20 ± 0.03	6	5	1.375	0.227
	Estação seca	2.86 ± 0.22				
CBO (Mg/L)	Estação húmida	1.88 ± 1.02	6	5	-0.245	0.816
	Estação seca	1.91 ± 0.92				
DO (Mg/L)	Estação húmida	9.51 ± 0.35	6	5	5.992	0.002

	Estação seca	9.11 ± 0.44				
CQO (Mg/L)	Estação húmida	10.42 ± 0.13	6	5	19.297	0.000
	Estação seca	9.78 ± 0.31				
Sulfato (Mg/L)	Estação húmida	0.81 ± 0.14	6	5	2.649	0.045
	Estação seca	0.77 ± 0.48				
Fosfato (Mg/L)	Estação húmida	0.05 ± 0.01	6	5	1.752	0.140
	Estação seca	0.03 ± 0.00				
Nitrato (Mg/L)	Estação húmida	0.40 ± 0.21	6	5	3.796	0.012
	Estação seca	0.39 ± 0.22				
T. Dureza (Mg/L)	Estação húmida	30.89 ± 3.88	6	5	4.498	0.006
	Estação seca	26.24 ± 3.55				
Cálcio (Mg/L)	Estação húmida	6.75 ± 2.03	6	5	3.443	0.018
	Estação seca	6.10 ± 2.02				
Magnésio (Mg/L)	Estação húmida	3.49 ± 1.50	6	5	3.357	0.020
	Estação seca	2.64 ± 1.50				
Alcalinidade (Mg/L)	Estação húmida	13.94 ± 0.93	6	5	5.832	0.002

	Estação seca	11.81±1.27				
Cor (TCU)	Estação húmida	6.42 ± 1.51	6	5	1.00	0.363
	Estação seca	5.95 ± 1.36				
Cloreto (Mg/L)	Estação húmida	17.90 ± 3.27	6	5	1.391	0.223
	Estação seca	14.82 ± 3.81				
Chumbo (Mg/L)	Estação húmida	0.10 ± 0.01	6	5	-4.448	0.007
	Estação seca	0.40 ± 0.08				
Ferro (Mg/L)	Estação húmida	0.10 ± 0.01	6	5	-5.696	0.002
	Estação seca	1.96 ± 0.65				
Manganês (Mg/L)	Estação húmida	0.05 ± 0.01	6	5	-3.792	0.013
	Estação seca	0.40 ± 0.10				
Crómio (Mg/L)	Estação húmida	ND	6	5	-9.502	0.000
	Estação seca	1.64 ± 1.64				
Cobre (Mg/L)	Estação húmida	ND	6	5	-9.818	0.000
	Estação seca	0.31 ± 0.14				

Total Heterotrófico Bactérias (THB) (UFC)	Estação húmida	28.33±14.72	6	5	-2.159	0.083
	Estação seca	14000 ± 15849.29				
Bactérias coliformes totais (TCB) (UFC)	Estação húmida	ND	6	5	-1.544	0.183
	Estação seca	8333.33 ± 13216.15				

Tabela 4.5. WQI e análise do teste T emparelhado (nível de significância de 0,05 bicaudal) para a estação húmida e a estação seca

Estação	IQA (estação húmida)	IQA (estação seca)
SS1BO	358.78	333.66
SS2BO	19.41	19.23
SS3BO	21.10	21.89
SS4BO	23.35	24.68
SS5WE	26.09	26.62
SS6BO	27.63	28.15
T-Stat	0.860	
Valor P (bicaudal)	0.429	
t Crítico (bicaudal)	2.57	

Tabela 4.6a. Matriz de correlação dos parâmetros físico-químicos e metais pesados em todas as estações para a estação húmida

	Temp	pH	E. Cond.	TDS	TSS	Turbidez	CBO	DO	COD	Sulfato	Fosfato	Nitrato	Dureza total
Temp													
pH	-.880*												
E. Cond.	-0.627	.893*											
TDS	-0.627	.893*	1.000**										
TSS	0.509	-0.594	-0.364	-0.364									
Turbidez	0.587	-0.549	-0.353	-0.353	0.808								
CBO	0.183	0.262	0.500	0.500	-0.018	0.231							
DO	-0.442	0.469	0.418	0.418	-0.270	-0.658	0.150						
COD	-0.502	0.773	.927**	.927**	-0.062	-0.062	0.640	0.403					
Sulfato	-0.091	-0.077	-0.194	-0.194	-0.259	-0.062	-0.607	-0.671	-0.436				

Fosfato	-0.442	0.783	.952**	.952**	-0.264	-0.260	0.705	0.507	.950**	-0.451			
Nitrato	-0.294	0.290	0.053	0.053	-0.808	-0.431	-0.212	-0.331	-0.245	0.717	-0.128		
Dureza total	-0.743	.865*	.843*	.843*	-0.489	-0.352	0.126	0.047	0.669	0.333	0.649	0.443	
Cálcio	-0.679	.919**	.951**	.951**	-0.385	-0.380	0.559	0.573	.933**	-0.400	.950**	-0.018	0.723
Magnésio	-0.344	0.220	0.104	0.104	-0.317	-0.105	-0.484	-0.575	-0.129	.944**	-0.182	0.709	0.610
Alcalinidade	-0.763	.871*	0.791	0.791	-0.542	-0.322	0.142	-0.008	0.629	0.346	0.598	0.528	.982**
Cor	0.632	-0.615	-0.427	-0.427	.831*	.995**	0.199	-0.633	-0.129	-0.094	-0.320	-0.464	-0.441
Cloreto	-0.373	0.683	.853*	.853*	-0.147	-0.256	0.706	0.676	.909*	-0.669	.959**	-0.339	0.442
Chumbo	0.500	-0.388	-0.111	-0.111	0.598	.830*	0.158	-.814*	0.014	0.328	-0.126	-0.138	0.026

Ferro	-0.466	0.432	0.319	0.319	0.217	0.229	0.313	0.296	0.572	-0.547	0.370	-0.386	0.156
Manganês	-.819[*]	.933[**]	0.800	0.800	-0.441	-0.290	0.379	0.350	0.791	-0.189	0.730	0.203	0.760
Crómio	.[b]	.[b]	.[b]	.[b]	.[b]	.[b]	.[b]	.[b]	.[b]	.[b]	.[b]	.[b]	.[b]
Cobre	.[b]	.[b]	.[b]	.[b]	.[b]	.[b]	.[b]	.[b]	.[b]	.[b]	.[b]	.[b]	.[b]

Quadro 4.6a Cont.

	Cálcio	Magnésio	Alcalinidade	Cor	Cloreto	Chumbo	Ferro	Manganês	Crómio	Cobre
Magnésio	-0.100									
Alcalinidade	0.706	0.621								
Cor	-0.440	-0.162	-0.410							
Cloreto	.908[*]	-0.430	0.383	-0.294						
Chumbo	-0.301	0.319	0.003	0.791	-0.251					
Ferro	0.523	-0.329	0.231	0.210	0.446	-0.133				
Manganês	.889[*]	0.119	.816[*]	-0.354	0.645	-0.280	0.683			
Crómio	.[b]	.[b]	.[b]	.[b]	.[b]	.[b]	.[b]	.[b]		
Cobre	.[b]	.[b]	.[b]	.[b]	.[b]	.[b]	.[b]	.[b]	.[b]	.[b]

91

Tabela 4.6b. Matriz de correlação dos parâmetros físico-químicos e metais pesados em todas as estações para a estação seca

	Temp	pH	E. Cond.	TDS	TSS	Turbidez	CBO	DBO	COD	Sulfato	Fosfato	Nitrato	Total Dureza
Temp													
pH	-0.595												
E. Cond.	-0.282	.889*											
TDS	-0.282	.889*	1.000**										
TSS	0.742	-0.579	-0.355	-0.354									
Turbidez	0.672	-0.565	-0.359	-0.359	0.710								

		C1	C2	C3	C4	C5	C6	C7	C8	C9	C10	C11
CBO	-.926**	0.385	0.165	0.164	-0.531	-0.486						
DO	-0.120	0.475	0.403	0.404	-0.133	-0.712	-0.085					
COD	0.033	0.753	.923**	.923**	-0.040	-0.054	-0.144	0.350				
Sulfa to	-0.610	-0.053	-0.128	-0.129	-0.345	-0.044	.816*	-0.595	-0.377			
Fosf ato	-0.080	0.792	.967**	.967**	-0.294	-0.212	-0.048	0.320	.945**	-0.241		
Nitra to	-0.783	0.327	0.085	0.085	-.883*	-0.429	0.700	-0.291	-0.222	0.696	0.013	
Dure za total	-0.580	.890*	.902*	.902*	-0.480	-0.342	0.524	0.142	0.748	0.268	0.809	0.380

Cálcio	-0.184	.897*	.944**	.944**	-0.314	-0.366	-0.029	0.552	.934**	-0.399	.932**	-0.031	0.770
Magnésio	-0.672	0.246	0.206	0.205	-0.348	-0.067	.856*	-0.483	-0.023	.929**	0.075	0.635	0.580
Alcalinidade	-0.690	.872*	0.781	0.780	-0.598	-0.315	0.598	0.004	0.616	0.364	0.686	0.564	.957**
Cor	0.707	-0.630	-0.434	-0.434	0.741	.995**	-0.522	-0.689	-0.123	-0.078	-0.286	-0.463	-0.430
Cloreto	0.240	0.624	0.805	0.805	-0.028	-0.154	-0.427	0.563	.907*	-0.674	.877*	-0.362	0.485
Chumbo	0.162	0.154	-0.038	-0.038	-0.133	-0.328	-0.491	0.635	0.055	-0.791	0.011	-0.203	-0.303
Ferro	-0.178	0.387	0.476	0.476	-0.710	-0.579	0.020	0.288	0.249	-0.023	0.534	0.430	0.333

Manganês	-0.036	-0.237	-0.210	-0.210	-0.450	-0.511	-0.009	0.190	-0.438	0.080	-0.173	0.312	-0.308
Crómio	-0.579	0.587	0.377	0.377	-0.795	-0.218	0.376	-0.236	0.228	0.313	0.377	0.808	0.559
Cobre	-0.036	-0.616	-0.692	-0.692	-0.277	0.059	0.104	-0.543	-.831*	0.482	-0.634	0.509	-0.532

Quadro 4.6b Cont.

	Cálcio	Magnésio	Alcalinidade	Cor	Cloreto	Chumbo	Ferro	Manganês	Crómio	Cobre
Magnésio	-0.072									
Alcalinidade	0.674	0.636								
Cor	-0.426	-0.128	-0.402							
Cloreto	.904*	-0.396	0.330	-0.193						
Chumbo	0.275	-.825*	-0.259	-0.280	0.380					

Ferro	0.418	-0.014	0.275	-0.601	0.407	0.155			
Manganês	-0.256	-0.155	-0.338	-0.470	-0.168	0.161	0.718		
Crómio	0.372	0.400	0.750	-0.276	0.085	0.042	0.386	-0.060	
Cobre	-0.766	0.146	-0.384	0.097	-0.742	-0.156	0.187	0.638	0.132

**. A correlação é significativa ao nível de 0,01 (bicaudal).
*. A correlação é significativa ao nível de 0,05 (bicaudal).

CAPÍTULO 5

DISCUSSÃO

5.1 Concentrações de parâmetros físico-químicos em fontes de água subterrânea

Temperatura: A temperatura variou entre 25.67 ± 0.58 e $26.67 \pm 0.58°$ C (estação húmida) e entre 26.67 ± 0.58 e $27.67 \pm 0.58°$ C (estação seca) em todas as estações (Fig. 4.1). Enquanto a temperatura média variou de $26.00 \pm 0.58°$ C (estação húmida) a $27.17 \pm 0.72°$ C (estação seca) em todas as estações (Tabela 4.3). A temperatura elevada aumenta as reacções químicas no aquífero, tais como a meteorização das rochas, o que leva à libertação dos contaminantes químicos na água e reduz o nível de gás dissolvido na água (Murhekar, 2011). Verificou-se uma diferença significativa ($p<0,05$) entre as temperaturas médias na estação húmida e na estação seca (tabela 4.4), sendo que os valores da estação seca foram mais elevados (Figura 4.1). Esta mudança deveu-se à variação sazonal que pode ser atribuída ao aquecimento ou arrefecimento na superfície da terra ou à introdução de água fria da superfície durante o período de alta recarga das chuvas (Ombaka *et al.,* 2013). O valor mais elevado de temperatura foi observado em SS1BO na estação seca e em SS6BO na estação húmida. Os valores registados em todas as estações em ambas as estações foram todos aceitáveis em relação aos limites da OMS e SON (Tabela A1).

pH: Os valores de pH em todas as estações variaram entre $4,25 \pm 0,35$ a $6,75 \pm 0,13$ mg/L (estação húmida) e $4,12 \pm 0,25$ a $6,60 \pm 0,05$ mg/L (estação seca) (Fig. 4.2). Enquanto os valores médios de pH em todas as estações variaram de $5,47 \pm 0,34$

(estação húmida) a 5,37 ± 0,13 (estação seca) em todas as estações (tabela 4.3), os resultados obtidos para todas as estações, exceto para SS2BO em ambas as estações, estavam dentro dos limites da OMS e SON (6,5-8,5). Enquanto as outras estações estavam abaixo dos limites, o que implica que a água era ligeiramente ácida por natureza. Esta anormalidade pode ser devida à influência da condutividade, sólidos totais dissolvidos, dureza total, cálcio, alcalinidade e manganês, dos quais existiam fortes matrizes de correlação positiva entre o pH e estes parâmetros e eram todos significativos tanto na estação húmida como na seca (Tabela 4.6a e Tabela 4.6b). Verificou-se uma diferença significativa (p<0,05) entre o pH médio na estação húmida e na estação seca (Tabela 4.4), sendo os resultados da estação húmida mais elevados (Fig. 4.2), o que implica que os níveis de pH das águas subterrâneas são influenciados pelas mudanças de estação. O valor mais elevado foi registado em SS2BO em ambas as estações. Os valores mais elevados de pH durante a estação húmida podem ser devidos à recarga de água no aquífero acompanhada pela decomposição microbiana da matéria orgânica da costa marítima. A redução do volume de água durante a estação seca também pode contribuir para a diminuição do nível de pH. O pH mais baixo implica que a água em algumas estações era ligeiramente ácida e pode causar vermelhidão e irritação dos olhos nos seres humanos durante a utilização e corroer as tubagens (Obunwo & Opurum, 2013).

Condutividade eléctrica: Os valores de Condutividade Elétrica variaram entre 25,17 ± 1,04 a 394,50 ± 0,785 µS/cm (estação húmida) e entre 22,67± 0,58 a 387,33± 12,41µS/cm (estação seca) (Fig. 4.3). Enquanto os valores médios da condutividade eléctrica variaram de 149,33 ± 19,38 µS/cm (estação húmida) a 147,31 ± 19,76 µS/cm (estação seca) (Tabela 4.3) em todas as estações. A condutividade eléctrica apresenta valores médios ligeiramente mais elevados durante a estação das chuvas em todas as estações. Estes valores podem ter sido resultado da infiltração de iões do solo transportados pelas cheias, de acordo com os resultados revelados por Buridi & Gedala (2014). Os altos valores gerais de condutividade eléctrica em SS2BO para ambas as estações são uma indicação de alta quantidade de sólidos dissolvidos em forma de ionização como catiões e aniões (Prasad *et al.*, 2014), e também podem ser devidos ao tipo de solo e à geologia da área de estudo. Embora todos os valores nas estações estivessem dentro dos limites da OMS e da SON (tabela A1). Os resultados não mostraram diferenças significativas (p>0,05) entre as duas estações (Tabela 4.4).

Sólidos Totais Dissolvidos (TDS): Os sólidos totais dissolvidos indicam a quantidade de substâncias inorgânicas dissolvidas na água. Os valores variaram entre 167,79 ± 0,69 e 263,13 ± 5,24 mg/L (estação húmida) e entre 15,12 ± 0,39 e 258,35 ± 8,28 mg/L (estação seca) (Fig. 4.4). Enquanto os valores médios variaram de 99,61 ± 12,92 (estação húmida) a 98,25 ± 13,18 mg/L (estação seca) em todas as estações (Tabela 4.3). Os valores obtidos durante a estação húmida foram mais elevados, o que pode ser o resultado de uma maior quantidade de substâncias inorgânicas provenientes da costa costeira, tais como fendas, argila, que lixiviam para o solo (Oluyemi *et al.*, 2014). No entanto, os resultados contrastam com os de Oluyemi *et al.* (2014), que registou valores mais elevados durante a estação seca, o que explicou como sendo devido à concentração de iões resultante da evaporação, que leva à diminuição do volume de água. No entanto, os valores de TDS em todas as estações em ambas as estações estavam dentro dos limites dos padrões da OMS e SON (tabela A1). Os resultados não mostraram diferenças significativas (p>0,05) entre as duas estações (Tabela 4.4).

Sólidos Suspensos Totais (SST): Os sólidos suspensos totais variaram entre 8,37 ± 0,15 a 16,73 ± 0,64 mg/L (estação húmida) e 8,73 ± 0,64 a 13,40 ± 0,69 mg/L (estação seca) em todas as estações (Fig. 4.5). Enquanto os valores médios variaram de 11,54 ± 0,51 mg/L (estação húmida) a 10 ± 0,60 mg/L (estação seca) em todas as estações (Tabela 4.3). Os resultados da estação húmida foram ligeiramente superiores aos da estação seca (Fig. 4.5). Todos os valores estavam dentro dos limites padrão da OMS e da SON (Tabela A1). O valor mais elevado foi registado em SS1BO em ambas as estações. Os sólidos suspensos totais mais baixos na estação seca em todas as estações podem ser o resultado da diminuição da atividade de intemperismo e das plantas de filtração disponíveis, especialmente para SS2BO, SS4BO e SS6BO. Esses valores foram semelhantes aos relatados por Adegbite *et al.* (2018). Houve uma diferença significativa a p<0,05 entre as duas estações (Tabela 4.4).

Oxigénio dissolvido (OD): Os níveis de oxigénio dissolvido na água em todas as estações variaram entre 8,05 ± 0,31 e 10,92 ± 0,32 mg/L (estação húmida), e entre 7,58 ± 0,47 e 10,31 ± 0,49 mg/L (estação seca) (Fig. 4.6). Enquanto os valores médios de oxigénio dissolvido na água em todas as estações variaram de 9,51 ± 0,35 mg/L (estação húmida) a 9,11 ± 0,44 mg/L (estação seca), (Tabela 4.3). Os resultados da estação húmida foram ligeiramente mais elevados do que os da estação seca (Fig. 4.6).

O resultado mostrou uma diferença significativa a p<0,05 entre as duas estações (Tabela 4.4). Os valores de oxigénio dissolvido em ambas as estações em todas as estações estavam acima dos limites regulamentares permitidos de 6 mg/L (Tabela A1). Este facto é atribuído a uma menor carga orgânica associada nas estações de amostragem. Os microrganismos alimentam-se de matéria orgânica e consomem mais oxigénio, reduzindo assim a procura de oxigénio (Pati *et al.*, 2012). O valor mais alto foi observado em SS2BO em ambas as estações. O nível médio mais baixo durante a estação seca pode ser atribuído à temperatura mais elevada na estação seca, que reduz a dissolução de gases (Olumuyiwa *et al.*, 2012).

Carência Bioquímica de Oxigénio (CBO): O resultado da carência bioquímica de oxigénio em todas as estações para ambas as estações variou entre 1,56 ± 1,49 e 2,19 ± 1,08 mg/L (estação húmida), e 1,72 ± 0,20 e 2,19 ± 0,49 mg/L (estação seca) (Fig. 4.7). Enquanto os valores médios em todas as estações para ambas as estações variaram de 1,88 ± 1,02 mg/L (estação húmida) a 1,91 ± 0,92 mg/L (estação seca) (Tabela 4.3). Os resultados foram ligeiramente mais elevados durante a estação húmida em todas as estações. Os resultados não revelaram diferenças significativas (p>0,05) entre as duas estações (Tabela 4.4). No entanto, os resultados estavam todos dentro dos limites da OMS e da SON, que é de 5 mg/L (Tabela A1).

Carência Química de Oxigénio (CQO): Os valores da carência química de oxigénio em todas as estações em ambas as estações variaram entre 5,13 ± 0,23 e 20,07 ± 0,012 mg/L (estação húmida) e entre 4,50 ± 0,50 e 19,33 ± 0,15 mg/L (estação seca) (Fig.

4.8). Enquanto os valores médios em todas as estações em ambas as estações variaram de 10,42 ± 0,13 mg/L (estação húmida) a 9,78 ± 0,31 mg/L (estação seca) (Tabela 4.3). Os resultados foram ligeiramente mais elevados durante a estação seca, e o valor mais elevado foi registado em SS2BO em ambas as estações (Fig. 4.8). Os resultados estavam dentro dos limites padrão da OMS e da SON (tabela A1). Registou-se uma diferença significativa (p<0,05) entre as duas estações (Tabela 4.4).

Sulfato: Os valores de sulfato em todas as estações em ambas as estações variaram entre 0,44 ± 0,29 e 1,26 ± 0,06 mg/L (estação húmida) e entre 0,43 ± 0,29 e 1,24 ± 0,06 mg/L (estação seca) (Fig. 4.9). Enquanto os valores médios em todas as estações em ambas as estações variaram de 0,81 ± 0,14 mg/L (estação húmida) a 0,77 ± 0,48 mg/L (estação seca) (Tabela 4.3). Os resultados foram ligeiramente mais elevados na estação húmida (Fig. 4.6). Todos os valores em ambas as estações estavam dentro dos limites da OMS e da SON de 250 mg/L e 100 mg/L (Tabela A1). Registou-se uma diferença significativa a p<0,05 entre as duas estações (Tabela 4.4). O valor mais alto de concentração de sulfato foi observado em SS5WE.

Fosfato: **Os** valores de fosfato registados no estudo variaram entre 0,01 ± 0,00 a 0,17 ± 0,06 mg/L (estação húmida), e entre 0,01± 0,00 a 0,10± 0,00 mg/L (estação seca) em todas as estações (Fig. 4.10). Enquanto os valores médios de fosfato registados na área de estudo variaram de 0,05 ± 0,01 mg/L (estação húmida) a 0,03 ± 0,00 mg/L (estação seca) em todas as estações (Tabela 4.3), dos quais um ligeiro aumento foi registado na estação húmida. Todos os valores estavam dentro dos valores da OMS e

SON de 5 mg/L (Tabela A1). O ligeiro aumento na estação húmida pode ser devido ao efeito de concentração devido ao aumento do volume de água no solo (Teame & Zebib, 2016). Em geral, a baixa concentração de fosfato em todas as estações, tanto na estação húmida como na seca, implica que há interferências mínimas de águas provenientes de actividades antropogénicas na área. Este facto está de acordo com um estudo realizado por Olumuyiwa *et al.* (2012). As fontes geogénicas naturais podem ter uma maior influência nas concentrações nas águas subterrâneas do que as fontes antropogénicas. As concentrações de fósforo dissolvido (DP) nas águas subterrâneas são baixas porque o fósforo tende a adsorver-se ao solo e aos sedimentos do aquífero e não é facilmente transportado para as águas subterrâneas (Holman *et al.*, 2008). Os resultados não mostraram diferenças significativas (p>0,05) entre as duas estações (Tabela 4.4).

Cor: Os valores de cor variaram entre zero e 38,50 ± 9,04 UTC (estação húmida), e entre zero e 35,67 ± 8,13 mg/L (estação seca) (Fig. 4.11). Enquanto os valores médios variaram de 6,42 ± 1,51 UTC (estação húmida) a 5,95 ± 1,36 UTC (estação seca) em todas as estações (Tabela 4.3). Apenas o SS1BO em ambas as estações apresentou um valor médio acima dos limites (Tabela A1), tendo sido observados valores mais elevados na estação húmida. Isto indica a contaminação das águas subterrâneas devido à eliminação de resíduos líquidos ou sólidos da costa marítima que lixiviam para o solo durante este período (Lai, 2010). O resultado não mostrou diferença significativa (p>0,05) entre as duas estações (Tabela 4.4).

Cloreto: Os níveis de cloreto na estação húmida variaram entre 6,34 ± 0,51 e 57,04 ±

14,47 mg/L e entre 2,87 ± 1,77 e 63,29 ± 5,76 mg/L (estação seca) (Fig. 4.12).

Enquanto os níveis de cloreto na estação húmida variaram de 17,90 ± 3,27 (mg/L)

(estação húmida) a 14,82 ± 3,81 mg/L (estação seca) em todas as estações (Tabela 4.3).

Os valores obtidos para ambas as estações estavam dentro dos limites padrão (Tabela

A1). Os resultados também foram ligeiramente superiores durante a estação húmida.

Os resultados não mostraram diferenças significativas (p>0,05) entre as duas estações

(Tabela 4.4). O cloreto é importante nas actividades metabólicas do corpo humano e

também participa noutros processos fisiológicos. Uma concentração elevada de cloreto

é prejudicial para as plantas em crescimento e também danifica as tubagens e estruturas

metálicas. As fontes de cloreto na água natural podem ser atribuídas à dissolução de

minerais e rochas que contêm cloreto quando a água entra em contacto com eles,

devido à poluição causada pela descarga de águas residuais agrícolas, industriais e

domésticas que entram nas fontes de água (Bohlke, 2002).

Nitrato: Os níveis de nitrato para a estação seca variaram entre 0,18 ± 0,27 e 0,78 ±

0,33 mg/L (estação húmida), e entre 0,17 ± 0,27 e 0,77 ± 0,33 mg/L (estação seca)

(Fig. 4.13). Enquanto os níveis médios para a estação seca variaram de 0,40 ± 0,21

(mg/L) a 0,39 ± 0,22 mg/L (estação seca) em todas as estações (Tabela 4.3). Os valores

estavam todos dentro dos limites da OMS e da SON, uma vez que eram muito baixos

em todas as estações (Tabela A1). Os resultados foram ligeiramente mais elevados na estação húmida (Fig. 4.13). Os baixos níveis gerais de nitratos em todas as estações, em ambas as estações, que se encontravam dentro dos limites das normas, mostraram que não foram realizadas actividades agrícolas pesadas perto dos locais de amostragem, o que é confirmado por suthar *et al.* (2009). Nos seus estudos, associou os níveis elevados de nitratos nas águas subterrâneas à agricultura intensiva e à utilização intensiva de fertilizantes azotados. O baixo nível de nitratos está de acordo com Chavan e Zambare (2014). Embora tenha havido uma diferença significativa a $p<0,05$ entre as duas estações (Tabela 4.4) e a maior concentração foi observada em SS5WE (Fig. 4.13).

Dureza total: Os valores obtidos em todas as estações para a dureza total variaram entre $14,00 \pm 2,00$ e $55,33 \pm 5,03$ mg/L (estação húmida), e entre $11,33 \pm 3,06$ e $46,00 \pm 3,80$ mg/L (estação seca) (Fig. 4.14). Enquanto os valores médios para a dureza total variaram entre $30,89 \pm 3,88$ (mg/L) (estação húmida) e $26,24 \pm 3,55$ mg/L (estação seca) em todas as estações (Tabela 4.3). Os resultados da estação húmida foram mais elevados do que os da estação seca (Fig. 4.14). Isto pode ser atribuído à recarga de água contendo os iões do solo durante a estação chuvosa (Buridi & Gedala, 2014). A água subterrânea tende a ser mais dura do que a água de superfície devido à sua propriedade altamente solubilizante, particularmente para as rochas que contêm gesso, calcite e dolomite, que são responsáveis pela dureza da água. A poluição das águas subterrâneas por esgotos e escorrências de solos de origem particularmente calcária também pode causar dureza (Olumuyiwa *et al.*, 2012). No entanto, todos os valores em ambas as estações estavam dentro de 300 mg/L e 100 mg/L (Tabela A1). Houve uma diferença significativa a p<0,05 entre as duas estações (Tabela 4.4). O valor mais alto foi observado em SS5WE (Fig. 4.14).

Magnésio e Cálcio: Os níveis de iões magnésio e cálcio na água subterrânea em todas as estações variaram entre 1,12 ± 1,69 e 8,45 ± 3,80 mg/L (estação húmida), e entre 0,83 ± 0,78 e 6,85± 3.80 mg/L (estação seca) para o magnésio, e os valores de cálcio variaram entre 2,05 ± 0,65 e 16,27 ± 0,92 mg/L (estação húmida), e entre 1,92 ± 0,55 e 14,93 ± 0,46 mg/L (estação seca) (Fig. 4.15 e Fig. 4.16). Enquanto os valores médios dos iões magnésio e cálcio na água subterrânea em todas as estações variaram de 3,49 ± 1,50 mg/L (estação húmida) a 2,64 ± 1,50 mg/L (estação seca) para o magnésio. Os valores de cálcio variaram de 6,75 ± 2,03 mg/L (estação húmida) a 6,10 ± 2,02 mg/L (estação seca) (Tabela 4.3). Os valores de cálcio e magnésio foram ligeiramente mais elevados durante a estação húmida (Fig. 4.15 e Fig. 4.16). Tanto o cálcio como o magnésio estavam dentro dos limites da OMS e da SON (Tabela A1). Houve uma diferença significativa (p<0,05) entre os níveis de magnésio e cálcio em ambas as estações (Tabela 4.4). Os valores mais elevados de magnésio e cálcio observados na estação húmida podem ser o resultado da recarga do aquífero com a água contendo iões de magnésio e cálcio à medida que chove (Ombaka *et al.*, 2013). O valor mais alto de cálcio foi observado em SS2BO, enquanto SS5WE teve a maior concentração de magnésio.

Alcalinidade: Os níveis de alcalinidade total em todas as estações variaram entre 6,33 ± 0,76 e 24,33 ± 2,08 mg/L (estação húmida), e entre 5,17 ± 1,04 e 16,00 ± 1,73 mg/L (estação seca) (Fig. 4.17). Enquanto os valores médios para a alcalinidade total variaram de 13,94 ± 0,93 mg/L (estação húmida) a 11,81 ± 1,27 mg/L (estação seca) em todas as estações (Tabela 4.3). Os valores em todas as estações para ambas as estações estavam todos dentro dos limites da OMS e SON de 120 e 100 mg/L (Tabela A1). Os valores de alcalinidade foram ligeiramente mais elevados na estação húmida (Fig. 4.17). Registou-se uma diferença significativa de $p<0,05$ entre as estações (Tabela 4.4). A alcalinidade da água natural é devida à presença de sais de ácidos fracos (Nirmala *et al.*, 2012). As águas naturais contêm quantidades apreciáveis de alcalinidades de carbonato e hidroxilo. Os valores médios ligeiramente mais elevados na estação húmida podem ser atribuídos a substâncias alcalinas que conseguem chegar à massa de água durante este período a partir do mar (Ombaka *et al.*, 2013). O valor mais alto de alcalinidade foi observado em SS5WE.

Turbidez: Na área de estudo, a turbidez variou entre 0,22 ± 0,02 e 14,93 ± 0,12 NTU (estação húmida) e entre 0,21 ± 0,01 e 13,40 ± 1,22 NTU (estação seca) (Fig. 4.18). Enquanto os valores médios variaram de 3,20 ± 0,03 NTU (estação húmida) a 2,86 ± 0,22 NTU (estação seca) em todas as estações (Tabela 4.3). Todos os valores de turbidez em todas as estações, exceto SS1BO, estavam dentro dos limites da OMS e SON de 5 NTU para ambas as estações. Um valor ligeiramente mais elevado na estação húmida indica a presença de partículas em suspensão, como argila, fenda e matéria orgânica e inorgânica muito pequena na água proveniente da costa marítima. A turvação da água tem influência noutros parâmetros, como a cor e até parâmetros químicos que afectam a qualidade da água (Olumuyiwa *et al.,* 2012). Os resultados não mostraram diferenças significativas (p>0,05) entre as duas estações (Tabela 4.4).

5.2 Concentrações de metais pesados nas estações de amostragem

Chumbo: As concentrações de chumbo em todas as estações variaram entre 0,09 ± 0,00 e 0,12 ± 0,01 mg/L (estação húmida), e entre 0,20 ± 0,00 e 0,64 ± 0,15 mg/L (estação seca) (Fig. 4.19). Enquanto os valores médios de chumbo em todas as estações variaram de 0,10 ± 0,01 mg/L (estação húmida) a 0,40 ± 0,08 mg/L (estação seca) em todas as estações (Tabela 4.3). Os valores médios de chumbo presentes em todas as estações para ambas as estações foram considerados acima dos limites padrão da OMS e SON (0,01 mg/L) (Tabela A1). O chumbo é considerado um metal pesado muito importante porque é tóxico, muito comum e perigoso mesmo em baixas concentrações. Embora o chumbo possa ser eliminado dos seres humanos através da urina, a exposição prolongada ao chumbo pode resultar numa acumulação excessiva, especialmente nas crianças. Uma concentração elevada de chumbo pode causar danos cerebrais graves e insuficiência renal (Gebrekidan & Samuel 2011). Foram registados valores mais elevados durante a estação seca (Fig. 4.19), o que pode dever-se à natureza geogénica da composição do solo e à diluição durante a estação húmida. Estes resultados foram semelhantes aos de Chenemulu e Nwankwo (2019), em que foram registados valores mais elevados na estação seca. Os resultados mostraram uma diferença significativa (p<0,05) entre as duas estações (Tabela 4.4). O valor mais alto foi observado em

SS3BO na estação seca, enquanto todos os valores foram relativamente baixos na estação chuvosa.

Ferro: Os valores de ferro variaram entre $0,07 \pm 0,01$ e $0,12 \pm 0,00$ (estação húmida), e $0,99 \pm 0,43$ e $2,88 \pm 0,69$ (estação seca) (Fig. 4.20). Enquanto os valores médios variaram de $0,10 \pm 0,01$ (mg/L) (estação húmida) a $1,96 \pm 0,65$ (mg/L) (estação seca) em todas as estações (Tabela 4.3). Os valores em todas as estações para a estação húmida estavam dentro dos limites da OMS e SON (3 mg/L e 0.3 mg/L), mas estavam todos acima do limite SON (Tabela A1), durante a estação seca, e isto pode ser devido à natureza da composição do solo e diluição durante a estação húmida (Fig. 4.20). As fontes antropogénicas de ferro nos recursos hídricos subterrâneos também podem incluir o uso de tintas, a eliminação indiscriminada de escórias de fundição e resíduos contendo altas concentrações de ferro podem lixiviar para o solo a uma taxa mais elevada durante a estação seca e, como resultado, aumentar as concentrações (Ombaka *et al.*, 2013). Os resultados mostraram uma diferença significativa ($p<0,05$) entre as estações (Tabela 4.4). Além disso, as fontes antropogénicas de ferro no ambiente incluem: combustão de combustível fóssil, lamas de esgoto, mineração e refinação de minérios metálicos também podem elevar a mobilidade no sistema biológico e ambiental (Challa & Kumar, 2009). O valor mais elevado foi observado em SS6BO na estação seca, enquanto os valores foram relativamente baixos na estação húmida.

Manganês: Os valores em todas as estações variaram entre $0,03 \pm 0,00$ e $0,07 \pm 0,00$ mg/L (estação húmida), e entre $0,19 \pm 0,04$ e $0,81 \pm 0,04$ mg/L (estação seca) (Fig.

4.21). Enquanto os valores médios em todas as estações variaram de 0,05 ± 0,01 mg/L (estação húmida) a 0,40 ± 0,10 mg/L (estação seca) (Tabela 4.3). Os valores médios para todas as estações estavam dentro dos limites SON e OMS 2,0 e 0,4 mg/L (Tabela A1), para a estação húmida. Enquanto que para a estação seca apenas SS6BO estava acima do limite da OMS, mas abaixo do limite SON. Os valores foram mais elevados durante a estação seca (Fig. 4.21). Os resultados mostraram uma diferença significativa (p<0,05) entre as duas estações (Tabela 4.4). O valor mais elevado foi observado no SS6BO na estação seca, enquanto os valores foram relativamente baixos na estação húmida (Fig. 4.21).

Crómio e Cobre: Os valores de crómio e cobre para ambas as estações húmidas foram nulos. No entanto, durante a estação seca, ambos apresentaram níveis consideráveis de concentrações, cujos valores variaram entre 1,11 ± 0,49 e 1,97 ± 0,99 mg/L (estação seca) para o crómio, e entre 0,19 ± 0,07 e 0,41 ± 0,04 mg/L (estação seca) para o cobre (Fig. 4.22 e Fig. 4.23). Os valores médios encontrados foram de 1,64 ± 0,64 (mg/L) (estação seca) para o crómio e 0,31 ± 0,14 mg/L (estação seca) para o cobre (Tabela 4.3). Evidentemente, verificou-se que os resultados da estação seca foram mais elevados (Fig. 4.22 e Fig. 23), o que também é atribuído à composição do solo, como o nitrato, em que foi observada uma correlação positiva de 0,808 com o Cr e o nitrato, mas a correlação não foi significativa (Tabela 4.6b), e provavelmente a diluição durante a estação húmida associada à eliminação de resíduos antropogénicos no ambiente (Appiah-Opong *et al.,* 2020). Os resultados para o crómio estavam acima do limite da OMS e da SON de 0,05 mg/L (tabela A1), em todas as estações. Enquanto o cobre em todas as estações estava dentro do limite da OMS e da NAFDAC. Os resultados mostraram uma diferença significativa (p<0,05) entre as duas estações (Tabela 4.4). O valor mais elevado foi observado em SS6BO na estação seca, enquanto os valores foram relativamente baixos na estação húmida.

5.3 Análises microbianas

O estudo microbiano da água em todas as estações na estação chuvosa (Tabela 4.1a), mostrou que a água tinha valores variando entre 0.1×10^2 a 0.5×10^2 CFU/ml para bactérias heterotróficas totais, e todos estavam dentro do limite da OMS de <100 CFU/ml. Bactérias coliformes totais e bactérias coliformes fecais não foram encontradas em todas as amostras. Na estação seca (Tabela 4.1b), os resultados mostraram que a água tinha valores variando entre $0,2 \times 10^4$ a $4,4 \times 10^4$ CFU/ml para bactérias heterotróficas totais, em que todas as estações excederam o limite da OMS de <100 CFU/ml, exceto para SS4BO. As bactérias coliformes totais variaram entre ND e $3,4 \times 10^4$ CFU/ml, o que excede o limite da OMS de 0-2 CFU/ml, exceto para SS2BO, onde o resultado foi nulo. Foram registados valores médios mais elevados na estação seca. Não houve diferença significativa (p>0,05) (Tabela 4.4). Os valores mais elevados obtidos na estação seca podem ser resultado da intrusão no aquífero e da natureza geogénica da composição do solo. Valores mais elevados para a temperatura da água, tal como observado no estudo na estação seca, aumentam o crescimento de microrganismos e podem aumentar os problemas relacionados com o sabor, o odor, a cor e a corrosão (OMS, 2011).

5.4 Avaliação dos índices de qualidade da água (IQA)

Um total de 17 parâmetros físico-químicos foram considerados para avaliar os índices de qualidade da água (WQI) para seis amostras de água potável da comunidade de Nkoro na estação húmida (junho de 2021), cujos resultados variaram entre 19,41 e 358,78 (Tabela 4.2a), e na estação seca (dezembro de 2021), cujos resultados também variaram entre 19,23 e 333,66 (Tabela 4.2b). Os índices de qualidade da água (WQI) calculados para as diferentes fontes de água em ambas as estações indicaram que o projeto de água do Governo Federal (SS1BO) era impróprio para beber, enquanto o projeto do Banco Mundial (SS2BO), o furo individual (SS3BO) e o projeto da União Europeia (I) (SS4BO) apresentaram excelentes resultados. A água do poço escavado à mão e o projeto da União Europeia (II), (SS5WE) e (SS6BO) apresentaram bons resultados. No entanto, a SS2BO apresentou a melhor classificação de qualidade da água potável em ambas as estações. No entanto, o valor WQI que dá a qualidade de água mais adequada para fins domésticos e de consumo é o mais baixo. A SS2BO, tanto na estação húmida como na seca, apresentou o valor mais baixo de WQI, 19,41 e 19,23 respetivamente, sendo esta a qualidade de água mais adequada encontrada na área de estudo.

O projeto de água assistido pelo Banco Mundial (SS2BO) tem instalações de tratamento para purificar a água antes de ser fornecida para consumo. O pH, a condutividade eléctrica, o TDS, a dureza total, o DO, a cor e a turvação determinados nesta estação de amostragem reflectem que os valores estão dentro dos limites desejáveis. O furo do Governo Federal (SS1BO) foi considerado impróprio para consumo devido ao elevado OD, turbidez e cor que excederam os limites permitidos pelas directrizes da OMS e SON em todas as estações de amostragem (Tabela A1). A localização deste projeto também pode ter contribuído para a má qualidade da água, uma vez que está situado na costa costeira da comunidade. Poderá ser necessária uma linha de evidência adicional para apoiar estas conclusões, uma vez que as águas subterrâneas em toda a área parecem ser seguras para fins de consumo. Em geral, a água subterrânea disponível nesta área de estudo é boa para beber, exceto quando o furo se encontra a um nível superficial na rocha aquática. A análise do IQA é consistente com o estudo anterior efectuado por Pei-yue *et al.* (2010), sobre a avaliação da qualidade das águas subterrâneas com base no índice de qualidade da água. A maioria das amostras de água estudadas era de boa qualidade porque, para além da água de furos individuais e de poços escavados, o Projeto de Água Assistida pela União Europeia tem uma estação de tratamento ligada aos canais de abastecimento que permite que a água subterrânea passe por processos de purificação antes de ser fornecida para consumo. Os valores do WQI foram atribuídos à distribuição de dados da análise físico-química encontrada na área de estudo. Estes resultados revelam que a água subterrânea pode necessitar de um certo grau de tratamento antes de ser consumida e que a fonte de água deve estar a uma profundidade do aquífero para evitar a contaminação. Devido à falta de instalações de tratamento ligadas a algumas das fontes de água, a perceção da residência é que essa água pode não ser segura para consumo. No entanto, não há lixiviação de minerais dissolvidos no subsolo para a água subterrânea, o que se reflecte nos baixos valores de condutividade eléctrica. Os parâmetros nutricionais, incluindo o nitrato, o sulfato e o fosfato, em termos dos seus valores na água, foram reconhecidos como não sendo problemáticos, tal como descrito em estudos anteriores (Adesuyi *et al.,* 2015).

Os valores globais dos Índices de Poluição por Metais Pesados (HPI) calculados em todas as estações de amostragem, tanto na estação húmida como na estação seca, foram considerados inadequados; os resultados da estação seca foram mais elevados do que os da estação húmida, uma vez que todos eles eram superiores ao valor crítico de 100 (Agyemang, 2020) (Fig. 4.24). Isto foi semelhante ao relatório de Appiah-Opong *et al.* (2020), indicando que a água da zona está poluída no que respeita a metais pesados.

Os índices do Índice de Avaliação de Metais Pesados (HEI) calculados na área para a estação húmida e seca (Fig. 4.25 e Tabela B3 e B4) mostraram um valor de 10,64 e 74,39 respetivamente. Os resultados da estação húmida foram Pb (10.45), Fe (0.03), Mn (0.16), Cr (0), e Cu (0), enquanto que para a estação seca foram Pb (39.83), Fe (0.65), Mn (0.99) Cr (32.77), e Cu (0.15). Isto sugere que a qualidade da água no que diz respeito à poluição por metais pesados é de uma classe média na estação húmida e de uma classe alta na estação seca, da qual o chumbo contribuiu para a sua poluição na estação húmida, enquanto na estação seca os valores elevados também indicam poluição por metais pesados, onde o chumbo e o crómio contribuíram grandemente para a deterioração da água em todas as estações de amostragem (Elumalai *et al.,* 2017).

As estatísticas do teste t de duas amostras emparelhadas ao nível de significância de 0,05 (duas caudas) das amostras de água em todas as estações, tanto para a estação húmida como para a estação seca (Tabela 4.4), mostraram que, para a maioria dos parâmetros, tais como condutividade, turvação, carência bioquímica de oxigénio, fosfato, cor, cloreto, fluoreto, Bactérias Hetrotróficas Totais (THB) e Bactérias Coliformes Totais (TCB), os seus valores calculados ($t_{calculado}$ são inferiores ao $t_{crítico}$ (2.57) a p> 0,05, indicando que não há variação sazonal significativa; embora os valores obtidos tenham sido ligeiramente superiores durante a estação seca, as diferenças foram pequenas e consideradas insignificantes. Enquanto que outros parâmetros como a temperatura, pH, sólidos suspensos totais, oxigénio dissolvido, carência química de oxigénio, nitrato, sulfato, dureza total, cálcio, magnésio, alcalinidade, chumbo, ferro, manganês, crómio e cobre têm os seus valores $t_{calculados}$ superiores ao $t_{crítico}$ a um nível de significância de p< 0,05, pelo que apresentam uma variação sazonal significativa. A percolação da água no solo é acompanhada de filtração e isto poderia explicar as razões para a variação sazonal não significativa na concentração da maioria dos parâmetros das águas subterrâneas. Esta observação também está de acordo com a de Markwe e Chup (2013).

Foi efectuado o teste t de duas amostras emparelhadas (duas caudas) com um nível de significância de 0,05 (Tabela 4.5) para os valores do IQA. Estes foram calculados para comparar a alteração da variação do IQA durante as estações húmida e seca. O cálculo dos resultados do teste t emparelhado mostrou que o valor 'p' (p = 0,429) é superior ao valor significativo de 0,05. Do mesmo modo, o valor crítico também é superior ao valor da estatística T medida -0,860, que se encontra dentro do intervalo aceitável. Isto revelou que a diferença no IQA da estação húmida e seca é insignificante. Este facto também corresponde às conclusões de Bui e Lodhi (2020).

5.5. Análise de correlação entre os parâmetros físico-químicos e os metais pesados

A análise de correlação mostrou relações significativas e complexas entre metais pesados e parâmetros físico-químicos na área de estudo para ambas as estações (Tabela 4.6a e 4.6b). A temperatura da água teve uma relação positiva com o Pb (r=0,500) e não foi registada qualquer relação significativa na estação húmida, enquanto na estação seca se observou uma tendência semelhante no Pb (r=0,162). O pH mostrou uma relação positiva com o Fe (r=0,432) e uma forte correlação positiva com o Mn (r=0,933), que foi significativa na estação húmida, enquanto a estação seca mostrou uma correlação positiva com todos os metais, exceto o Mn e o Cu (r=-0,237 e -0,616), não tendo sido registada qualquer significância estatística. A condutividade na estação húmida teve uma relação positiva com todos os metais pesados, exceto com o Pb (r=-0,111), enquanto o resultado da estação seca mostrou uma correlação positiva com o Fe e o Cr, não tendo sido encontrada qualquer relação significativa. Os sólidos totais dissolvidos apresentaram uma correlação positiva com todos os metais pesados, exceto com o Pb (r=0,111), não sendo todos estatisticamente significativos, enquanto que na estação seca foram observadas correlações positivas com o Fe e o Cr (r=0,476 e 0,377), não tendo sido encontrada qualquer relação significativa. Os sólidos suspensos totais mostraram uma relação positiva com o Pb e o Fe, exceto com o Mn (-0,441) que mostrou uma correlação negativa na estação húmida. Na estação seca, foi observada uma correlação negativa com todos os metais pesados, não existindo uma relação significativa. A turvação na estação húmida mostrou uma forte correlação positiva com o Pb (0,830) e o Fe (r=0,229), enquanto se observou uma correlação negativa com todos os metais, exceto com o Cu (r=0,059) na estação seca, não tendo sido registadas relações significativas em ambas as estações. A CBO apresentou uma correlação positiva com os metais pesados na estação húmida, enquanto na estação seca foi observada uma correlação negativa com o Pb e o Mn (r=-0,491 e -0,09), não tendo sido encontradas relações significativas em ambas as estações. O OD apresentou uma correlação positiva com todos os metais pesados, exceto com o Pb (-0,814), sem relação significativa na estação húmida, enquanto se observou uma correlação positiva com todos os metais, exceto com o Cr e o Cu (r= -0,236 e -0,543) na estação seca, não tendo existido uma relação significativa em ambas as estações. A CQO apresentou uma correlação positiva com todos os metais pesados sem relação significativa na estação húmida, enquanto na estação seca apresentou uma correlação negativa significativa com o Cu (-0,831) e o Mn, mas não foi significativa, enquanto os restantes metais pesados apresentaram correlações positivas sem relação significativa na estação seca. O sulfato apresentou uma correlação negativa com todos os metais pesados, exceto o Pb (r=0,328) na estação húmida, enquanto na estação seca foi encontrada uma correlação positiva com todos os metais pesados, exceto o Pb e o Fe (-0,791 e -0,023), não existindo uma relação significativa em ambas as estações. O fosfato apresentou uma correlação positiva com todos os metais pesados, exceto o Pb (r=-0,126) para a estação húmida, enquanto que para a estação seca foi observada uma correlação positiva com todos os metais pesados, exceto o Mn e o Cu (r=-0,173 e -0,634), não tendo sido encontrada uma relação significativa em ambas as estações. O nitrato apresentou uma correlação positiva com o Mn (r=0,203) e uma correlação negativa com todos os outros metais pesados na estação húmida, enquanto na estação seca foi observada uma correlação positiva com todos os metais, exceto com o Pb (-0,203), não tendo existido uma relação significativa em ambas as estações. A dureza total apresentou uma correlação positiva com todos os metais pesados na estação húmida, enquanto que na estação seca foi observada uma correlação positiva com o Fe e o Cr (0,333 e 0,559), não existindo uma relação significativa com os metais em ambas as estações. O cálcio mostrou uma correlação positiva com o ferro e uma forte correlação positiva com o Mn (0,889) na estação húmida, com uma relação significativa. Enquanto que na estação seca se verificou uma correlação negativa com o Mn e o Cu (-0,256 e -0,766), não existindo uma relação significativa. O magnésio apresentou correlações positivas com o Pb e o Mn e uma correlação negativa com o Fe (r=-0,329) na estação húmida, e uma correlação positiva com o Cr e o Cu (0,400 e 0,146) na estação seca, no entanto, foi observada uma correlação negativa com o Fe e o Pb, com uma relação significativa com o Pb. A alcalinidade mostrou uma correlação positiva com todos os metais pesados e uma relação significativa com o Mn (r=0,816) para a estação húmida, enquanto que uma forte correlação positiva com o Cr, enquanto que o resto dos metais pesados foram negativamente correlacionados, exceto o Fe (0,275), e não foi observada nenhuma relação significativa em ambas as estações. A cor apresentou uma correlação positiva com o Pb e o Fe e uma correlação negativa com o

Mn (-0,354) na estação húmida, enquanto na estação seca se verificou uma correlação negativa com os metais pesados, exceto com o Cu (0,097), e não se verificou uma relação significativa em ambas as estações. O cloreto mostrou uma correlação positiva com o Fe e o Mn, exceto com o Pb (-0,251) na estação húmida, enquanto que foi observada uma correlação negativa com o Mn e o Cu (-0,168 e -0,742) e uma correlação positiva com outros metais pesados na estação seca, mas não foi encontrada qualquer relação significativa em ambas as estações.

CAPÍTULO 6

CONCLUSÕES E RECOMENDAÇÕES

6.1 Conclusão

Um cálculo dos índices de qualidade da água (IQA) utilizando 17 parâmetros físico-químicos de seis estações de amostragem numa comunidade rural foi destacado para as estações húmida e seca. De todas as amostras estudadas, apenas uma estação de amostragem (SS1BO) em ambas as estações apresentou um IQA elevado, indicando assim que a água não era adequada para fins de consumo. O estudo mostrou que a qualidade da água na área, com base nos índices de qualidade da água calculados em cada estação, está na seguinte ordem: Banco Mundial (SS2BO) > furo individual (SS3BO) > União Europeia (i) (SS4BO) > água de poço escavado à mão (SS5WE) > União Europeia (II) > furo do Governo Federal (SS1BO).

6.2 Recomendações

Recomenda-se que:

i.   A monitorização da qualidade da água na zona de estudo deve ser efectuada com frequência.

ii.   Aconselha-se que a água do furo (SS1BO) fornecida pelo Governo Federal não seja utilizada como água potável sem tratamento prévio.

iii. Os membros da comunidade têm um papel a desempenhar na manutenção dos seus resíduos longe das suas fontes de água potável.

iv. Deverão ser efectuados mais estudos sobre a composição da água do mar.

6.3 Contribuições para o conhecimento

i. Existe uma escassez de informações sobre a qualidade da água na área de estudo, o que veio colmatar essa lacuna.

ii. A investigação serve para abrir os olhos do público e até mesmo dos habitantes da comunidade de Nkoro para que estejam conscientes da qualidade da água potável das suas fontes de abastecimento de água.

REFERÊNCIAS

Abbasi, T, e Abbasi, S. (2012). Índices de Qualidade da Água. 1st Edition. Amesterdão. Países Baixos.

Abdulsalam, H., Nuhu, I. e Lawal, Y. (2019). Avaliação físico-química e de metais pesados de algumas águas de furo selecionadas na cidade de Dutse, no estado de Jigawa. *Jornal de Ciência Ambiental*, 3(4), 212-223.

Abtahi, M., Golchinpour, N., Yaghmaeian, K., Rafee, M., Jahangiri-rad, M., Keyani, A. e Saeedi, R. (2015). Um índice modificado de qualidade da água potável (DWQI) para avaliar a qualidade da água potável em comunidades rurais da província de Khuzestan, Irã. *Ecological Indicators, 53(1)*, 283-291.

Abtahi, M., Yaghmaeian, K., Mohebbi, M., Koulivand, A., Rafee, M., Jahangiri-rad, M., Jorf, S., Saeedi, R. e Oktaie, S. (2016), "An Innovative Drinking Water Nutritional Quality Index (Dwnqi) For Assessing Drinking Water Contribution To Intakes Of Dietary Elements: Um estudo nacional e subnacional no Irão. *Indicadores Ecológicos*, 60(1), 367-376.

Adamu, C., Nganje, T., e Edet, A. (2014). Contaminação por metais pesados e avaliação de riscos para a saúde associados a minas de barita abandonadas no estado de Cross River, sudeste da Nigéria. *Monitorização e Gestão da Nanotecnologia Ambiental*. 3(1), 10-21.

Adegbite, S., Adeleke, A., Sangoremi, A., Oladele, E. (2018). Variações sazonais das características físico-químicas dos efluentes da indústria cervejeira e da água recetora dos rios Ikpoba-Oha, cidade de Benin, Nigéria. *Jornal de Ciência Aplicada e Gestão Ambiental*, 22 (6), 857-860.

Adekunle, I., Arowolo, T., Ndahi, N., Bello, B., e Owolabi, D. (2007) Chemical Characteristics Of Humic Acids In Relation To Lead, Copper and Cadmium Levels In Contaminated Soils Of Southwest, Nigeria. Anais de Ciências Ambientais, Universidade do Nordeste, Boston, Massachusetts, EUA.

Ademoroti, C. (1996). Standard Method for Water and Effluent Analysis (Método Padrão para Análise de Água e Efluentes). *Foludex Press Ltd. Ibadan*, 3(1), 29-118

Adesuyi, A., Nnodu, V., Njoku, K., e Jolaoso, A. (2015), Nitrate and Phosphate Pollution in Surface Water of Nwaja Creek, Port Harcourt, Niger Delta, Nigeria. *Revista Internacional de Geologia, Agricultura e Ciências Ambientais. 3(5)*,14-20.

Agyemang, V. (2020) Avaliação da contaminação por metais pesados em águas subterrâneas do distrito de AfigyaKwabre, Gana. *Revistas de Investigação e Engenharia Icónicas,* 3(*7*), 99-111

Akaniwor, J., Anoksike, E. e Akaniuk J. (2007)'Indomine Industrial Effluent Discharge On Microbial Properties Of New Calabar River. *Ensaio de Investigação Científica*, 2(*1*), 001-005.

Akter, T., Jhohura, F., Akter, F., Chowdhury T., Mistry S., Dey, D., Barua M., Islam M. e Rahman, M., (2016). Índice de qualidade da água para medir a qualidade da água potável na zona rural de Bangladesh: A Cross-Sectional Study. *Journal of Health and Pollution*, 35(2), 17-23.

Alrumman, S., El-kott A., Kehsk M. (2016), Water Pollution: Source and Treatment. *Jornal Americano de Engenharia Ambiental*, 6(*3*):88-98.

Amina, M., Maitera, N., e Milam, C. (2020), Índice de Qualidade da Água para Água Potável nas Áreas de Governo Local de Mubi-North, Girie e Mayo-Belwa, Estado de Adamawa, Nigéria. *Jornal de Ciência Ambiental, Toxicologia e Tecnologia Alimentar (IOSR-JESTFT)*, 14(*1*), 18-25.

Anyamene, N., e Ojiagu, D. (2014) "Bacteriological Analysis of Sachet Water Sold in Akwa Metropolis, Nigeria," *International Journal of Agriculture and Biosciences*, 3(*1*) 120-122.

APHA, (1998). Standard Method for Examination Of Water And Wastewater.20ª Edição. American Public Health Association, American Water Works Association and Water Environmental Federation (AHPA-AWWA-WEF), publicado pela American Public Health Association Washington D.C.

Appiah-Opong, R., Ofori A., Ofosuhene, M., Ofori-Attah, E., Nunoo F., Tuffor I., Gordon C., Arhinful D., Nyarko A., e Fosu-Mensah B. (2020) Concentração de metais pesados e índice de poluição (Hpi) na água potável ao longo da costa sudoeste do Gana. *Applied Water Science*, 11(*57*), 1-10.

Aroh, K.,. Eze, E., e Ukaji, D. (2013). "Componentes ambientais e de saúde do consumo e comércio de água de saqueta em Aba e Port Harcourt, Nigéria", *Journal of Chemical Engineering and Materials Science*, 4(*2*), 13-22.

Ashbolt, N. (2004), Microbial Contamination Of Drinking Water And Diseases Outcomes In Developing Regions. *Toxicology*. 198(*1*), 229-238.

Ayesha, D. (2012). Parâmetros físico-químicos da água subterrânea. *Revista Africana de Ciências Básicas e Aplicadas*. 4(*2*), 28-29.

Barceloux, D. (1999). Manganês. *Clinical Toxicology*, 37(*1*), 293-307.

Barzegar, R., Moghaddam, A., e Soltani, S. (2019). Origens naturais e antropogênicas de oligoelementos selecionados nas águas superficiais da área de Tabriz, Irã. *Ciências Ambientais da Terra,* 78(*8*), 254.

Bashir, B., e Abdulkadir A. (2020) Variabilidade espácio-temporal das águas subterrâneas dos parâmetros físico-químicos de Minna e arredores, Estado do Níger, Nigéria. *Jornal Internacional de Design Ambiental e Gestão da Construção* 18(*4*), 10-26.

Best, M., Wither, A. e Coates, S. (2007). O Oxigénio Dissolvido como Elemento Físico-Químico de Apoio na Diretiva-Quadro da Água. *Marine Pollution Bulletin,* 55(*1*), 53-64.

Bhalme, S. e Nagarnaik, P. (2012). Análise da água potável de diferentes lugares - uma revisão. *Jornal Internacional de Pesquisa em Engenharia.* 2(*3*), 3155-3158.

Bohlke, J. (2002). Recarga de Águas Subterrâneas e Contaminação Agrícola. *Hydrogeological Journal,* 10(*1*), 153-179.

Bora, M. e Goswami, D. (2017) Avaliação da qualidade da água em termos de índice de qualidade da água (WQI): Estudo de caso do rio Kolong, Assam, Índia. *Ciência da Água Aplicada,* 7, 3125-3135.

Brown, R., McClelland, N., Deininger, R. e Tozer, R. (1970). A Water Quality Index-Do We Dare?". *Water sewage works,* 117(*1*), 339-343.

Bui, Y., e Lodhi, M., (2020) Avaliação da qualidade da água de nascente utilizando o método do Índice de Qualidade da Água - Estudo do distrito superior de Subansiri, Arunachal, Pradesh, Índia. *Revista Internacional de Ciência, Ambiente e Tecnologia.* 9(*6*), 898-908

Buridi, K., e Gedala, R. (2014). Estudo sobre a determinação de parâmetros físico-químicos da água subterrânea na área industrial de Pydibheemavaram, Índia. *Austin Journal of Public Health Epidermiol.* 1(*2*). 1-2

Chabukdhara, M., Gupta, S., Kotecha, Y., e Nema, A. (2017). Qualidade das águas subterrâneas no distrito de Ghaziabad, Uttar Pradesh, Índia: Avaliação multivariada e de risco para a saúde. *Chemosphere,* 179(*1*), 167-178.

Challa, S., e Kumar, R. (2009). Nanostructured Oxides (Óxidos nanoestruturados). Weinhein, Alemanha: Wiley.

Chavan, B. e Zambare, N. (2014). Avaliação da qualidade da água subterrânea de poços localizados perto de locais de despejo de resíduos sólidos municipais da cidade de Solapur, Maharashtra. *Revista Internacional de Investigação em Ciências,* 2(*1*), 01-07.

Chien, L., Robertson, H. e Gerrard, J. (1968). Infantile Gastroenteritis Due To Water with High Sulfate Content (Gastroenterite Infantil Devido à Água com Alto Teor de Sulfato). *Jornal da Associação Médica Canadiana*, 99(*1*), 102-104.

Chindo, Y., Elisha K., Ishaku, Z. e Ephraim D. (2013), "Physicochemical analysis of Ground Water Of Selected Areas of Dass and Ganjuwa Local Government Areas, Bauchi State, Nigeria. *Jornal Mundial de Química Analítica*. 1(*4*):73-79.

Chinemelu, E. e Nwankwor, G. (2019). Variações sazonais de metais pesados em águas subterrâneas de warri e Environ, sudoeste da Nigéria. *Revista Internacional de Investigação Académica Avançada em Ciências, Tecnologia e Engenharia.* 5(*6*), 91-102

Crómio. Genebra, Organização Mundial de Saúde, (1988). (Critérios de saúde ambiental n.º 61).

Cocchetto D. e Levy, G. (1981). Absorption of Orally Administered Sodium Sulfate In Humans (Absorção de sulfato de sódio administrado por via oral em seres humanos). *Journal of Pharmaceutical Sciences*, 70(*1*), 331-333.

Comissão do Codex Alimentarius (1992) Food additives. Roma, Organização das Nações Unidas para a Alimentação e a Agricultura (Codex Alimentarius Vol. I).

Cronk, J. e Fennessy, M. (2016). Wetland Plants. Biology and Ecology, CRC press, Londres.

Cude, C. (2001). Índice de Qualidade da Água do Oregon: A tool For Evaluating Water Quality Management Effectiveness (Uma ferramenta para avaliar a eficácia da gestão da qualidade da água). *Journal Of The American Water Resources Association*, 37(*1*), 125-137.

Departamento Nacional da Saúde e do Bem-Estar (Canadá) (1990). Recomendações sobre a nutrição. O relatório do Comité de Análise Científica. Ottawa.

Devi, S. e Premkumar, R. (2012). Análise físico-química de amostras de águas subterrâneas perto da área industrial, distrito de Cuddalore, Tamilnadu, Índia. *Jornal* Internacional *de Pesquisa ChemTech,* 4(*1*): 29-34.

Diouf, A., Garcon G., Diop Y. e Ndiaye B. (2006) Environmental Lead Exposure And Its Relationship To Traffic Density Among Senegalese Children: A Cross Sectional Study. *Human Experimental Toxicology*, 25(*1*), 637-644.

DiValentino, A. (2019). Efeitos do pH na água potável para a saúde. http://www.livestrong.com/article/214475-health-effects-of-ph-on-drinking-water/

Dubrovsky, N., Burow, K., Clark, G., Gronberg J., Hamilton P. e Hitt K., (2010). The Quality of Our Nation's Water-Nutrients in the Nation's Streams and Groundwater, 1992-2004. In: Circular 1350. Reston, VA: U.S. Geological Survey.

Duressa, G., Assefa, F. e Jida, M. (2019). Avaliação da Qualidade Bacteriológica e Físico-Química da Água Potável desde a Fonte até à Ligação da Torneira Doméstica em Nekemte, Oromia, Etiópia. *Jornal de Saúde Ambiental e Pública.* 2019(1), 1-7

ECETOC (1988) Nitrate and drinking water. Bruxelas, Centro Europeu de Ecotoxicologia e Toxicologia de Produtos Químicos (Relatório Técnico n° 27).

Edet, A. e Offiong, O. (2002). Avaliação dos índices de poluição da qualidade da água para a monitorização da contaminação por metais pesados. Um caso de estudo da área de Akpabuyo-Odukpani, bacia inferior do rio Cross, (sudeste da Nigéria). *Geo Journal,* 57(*1*), 295-304.

Edori, O. e Kpee, F. (2016). Avaliação físico-química e de metais pesados de amostras de água de furos perto de alguns matadouros em Port Harcourt, Estado de Rivers, Nigéria. *Revista Americana de Ciências Químicas*, 14(*3*), 1-8.

Elinder C., Ferro. In: Friberg L, Nordberg GF, Vouk VB, eds., (1986) Handbook on the toxicology of metals, Vol. II. Amesterdão, Elsevier, 276-297.2. Knepper WA. Iron. In: Kirk-Othmer encyclopedia of chemical technology, Vol. 13. Nova Iorque, NY. *Wiley Interscience.* 1981:735-753.

Elumalai, V., Brindha K. e Lakshmanan A. (2017). Avaliação do risco de exposição humana devido a metais pesados em águas subterrâneas por índice de poluição e métodos estatísticos multivariados: Um estudo de caso da África do Sul. *Water*. 9(*1*), 5-16.

Emeka, C., Nweke, B., Osere, J. e Ihunwo, C. (2020). Índice de Qualidade da Água para a Avaliação da Qualidade da Água de Furos Seleccionados no Estado de Rivers. *Jornal Europeu do Ambiente e das Ciências da Terra,* 1(*6*), 1-4.

Fergusson, J. (1990). The Heavy Elements: Chemistry, Environmental Impact And Health Effects. Oxford: Pergamon Press.

Fingl, E. (1980). Laxantes e catárticos. In: Gilman AG *et al.*, eds. Pharmacological basis of therapeutics. Nova Iorque, NY, MacMillan Publishing.

Gangil, R., Tripathi, A., Patyal, P., Dutta, K., and Mathur, N. (2013) "Bacteriological Evaluation Of Packaged Bottled Water Sold At Jaipur City And Its Public Health Signifcance,". *Veterinary World,* 6(*1*), 27-30,

Gebrekidan, M., e Samuel, Z., (2011). Concentração de metais pesados na água potável de áreas urbanas da região de Tigray, norte da Etiópia. *Faculdade de Ciências Naturais e Computacionais, Universidade de Mekelle*, 3(*1*), 105-121.

Ghani, A., (2011). Efeito da toxicidade do crómio no crescimento, clorofila e alguns nutrientes minerais de Brassica juncea L. *Jornal Académico Egípcio de Ciências Biológicas*, 2(*1*), 9-15.

Gichuki, J. e Gichumbi, J. (2012). Análise físico-química das águas subterrâneas da divisão de Kihara, condado de Kiambu, Quénia. *Jornal de ciências químicas, biológicas e físicas*, 2(*4*), 2193-2200.

Giri, S. e Singh A. (2014). Avaliação da qualidade da água de superfície usando o índice de poluição por metais pesados no rio Subarnarekha, Índia. *Água Qual Expo Saúde*. 1(*1*) 173-182.

Handa B., (1988) Occurrence And Distribution Of Chromium In Natural Waters Of India. *Avanços em ciência e tecnologia ambiental*, 20(*1*), 189 -214.

Holman, I, Whelan M. Howden N, Bellamy P., Willby, N., Rivas-Casado, M., e McConvey, P. (2008). Phosphorous in Groundwater-An Overlooked Contribution To Eutrophication? *Hydrological Processes*, 22(*1*), 5121-5127.

Hurley, L., e Keen C. (1987) Manganese. In: Mertz W, ed. Trace elements in human and animal nutrition, 5th ed., Vol. 1. Vol. 1. Nova Iorque, NY, Academic Press. 185-223.

Ibrahim, F., Ogbozige, A. e Jimoh, M. (2019), "Variação em alguns parâmetros de qualidade da água na água vendida desde a fonte até ao consumo: Um caso da área de Anguwar Liman de Samaru-Zaria, Nigéria. *Calabar Journal of Health Science*, 3(2):46-53.

Idowu, A., Funmilayo, V., Olumide, A. e Mariam, O. (2016). Biodegradação de poluentes em resíduos de têxteis farmacêuticos e efluentes de corantes locais em Lagos, Nigéria. *Jornal de Saúde e Poluição*, 6(*1*), 34-42.

Igwele, N., Belonwu, D., e Anacletus, F., (2016). Avaliação das Variações Sazonais da Qualidade Físico-Química e Bacteriológica das Águas Subterrâneas de uma Indústria Química na Área de Port Harcourt, Port Harcourt, Estado de Rivers, Nigéria. *Revista Internacional de Investigação Científica em Química (IJSRCH)*. 1(*1*): 23-31

Janssen, L., Visser H. e Roemer, F. (1989) Analysis of Large Scale Sulphate, Nitrate, Chloride And Ammonium Concentrations In The Netherlands Using An Aerosol Measuring Network. *Atmospheric Environment*. 23(*12*), 2783-2796.

Janus, J. e Krajnc, E. (1990) Integrated Criteria Document Chromium: Effects. Apêndice. Bilthoven, Países Baixos, Instituto Nacional de Saúde Pública e Proteção Ambiental.

Kakoi, B., Kaluli, J. W., Ndiba, P. e Thiong'o, G. (2016). Variação Sazonal da Qualidade da Água de Superfície no Sistema do Rio Nairobi. Nos Anais da Conferência Científica, 4 de junho, Universidade de Ciência e Tecnologia Jomo Kenyatta, Quénia, 1-102

Kanase D., Shaikh S. e Jagadale P. (2016). Análise físico-química de amostras de água potável de diferentes locais em KadegaonTahsil, Maharashtra (Índia). *Avanços na Pesquisa em Ciências Aplicadas*, 7(6): 41-44.

Karikari, A. e Ansa-Asare O. (2006) Physicochemical And Microbial Water Quality Assessment Of Densu River of Ghana. *Jornal de Ecologia Aplicada da África Ocidental*, 12(1), 87-100.

Keller, W. e Pitblade J., (1986) Water Quality Changes In Sudbury Area Lakes: A Comparison of Synoptic Surveys in 1974-1976 and in 1981-1983. Water, Air and Soil Pollution, 29:285.

Khan, M., Shabeer, M., Raja I. e Wani, N. (2012) Análise físico-química do rio Jhelum (Caxemira). *Jornal Global de Pesquisa de Fronteira Científica Interdisciplinar* 12(1): 1-4.

Kilonzo, F., Masese, O., Griensven, V., Bauwen, W., Obando, J. e Lens, N. (2014). Variabilidade espaço-temporal na qualidade da água e assembléias de macro-invertebrados na bacia do rio Mara Superior, Quênia. *Physics and Chemistry of the Earth Journal*, 67(1), 93-104.

Kumar, M., e Kumar, R. (2013).Avaliação das propriedades físico-químicas das águas subterrâneas em áreas de mineração de granito em Jhansi, Índia. *Jornal Internacional de Pesquisa e Tecnologia de Engenharia*, 1(7), 2278-3181.

Lai, B. (2010). Impacto da poluição no ambiente e na saúde: Uma investigação. *Inventi Rapid: Água e Ambiente,*1(2), 1-5.

Levin, R., Schock M. e Marcus, A. (1989). Exposure to Lead in U.S. Drinking water (Exposição ao chumbo na água potável dos EUA). In: Proceedings of the 23rd Annual Conference on Trace Substances in Environmental Health. Cincinnati, OH, Agência de Proteção Ambiental dos EUA.

Li, P., e Quan H., (2018a). Desenvolvimento e proteção dos recursos hídricos em áreas de loess do mundo: um resumo da questão temática da água em loess. *Ambiente Ciências da Terra*, 77(24), 796.

Ligawa, S. (2011). Variação local e sazonal de parâmetros físico-químicos seleccionados e níveis de metais pesados no ecossistema aquático na zona de cana-de-açúcar de Nyanza do Sul. Dissertação de mestrado, Universidade de Maseno, Quénia.

Maitera, O., Ogugbuaja, O. e Barminas, T. (2010). "Uma avaliação dos níveis dos indicadores de poluição orgânica do rio Benue no estado de Adamawa, Nigéria. *Jornal de Química Ambiental e Ecotoxicologia.* 2(*7*), pp. 110-116

Makwe, E. e Chup, C. (2013). Variação sazonal nas propriedades físico-químicas das águas subterrâneas em torno do matadouro de Karu. *Revista Etíope de Estudos e Gestão Ambiental.* 6(*5*), 488-496.

Martin, K. e Hosam, M., (2018). Capítulo Introdutório: Introducing Heavy Metals, Heavy Metals, Hosam El-Din M. Saleh e Refaat F. Aglan, IntechOpen, Disponível em: https://www.intechopen.com/books/heavy-metals/introductory-chapter-introducing-heavy-metals.

Mathew, S., Mathur, D., Chang, B., McDonald, E., Signh, R., Nur, D. e Gerritsen, R. (2017). Examinar os efeitos da temperatura ambiente. *Revista Internacional de Ciências Ambientais, Saúde Pública*, 14(2), 147.

Relatório Meteorológico e Climático de Port Harcourt entre 1999-2015. http://homepage.ufp/wiki/climate/page.

Mgbemena, I., Okechukwu, I., Onyemekera, N. e Nnokwe, J. (2012). Caracterização físico-química e microbiana do rio Somberiro na área do governo local de Ahoada East, estado de Rivers, Nigéria. *Jornal Internacional de Biociências*, 2(*1*), 36-44.

Mgbenu, C. e Egbueri, J. (2019). As assinaturas hidrogeoquímicas, índices de qualidade e avaliação de risco para a saúde dos recursos hídricos no distrito de Umunya, sudeste da Nigéria. *Ciência da Água Aplicada,* 9(*22*), 1-22.

Moghaddam, M., Lashkaripour, G. e Dehghan, P. (2014). Assessing the Effect of Heavy Metal Concentrations On The Quality Of Adjacent Groundwater Resources of Khorasan Steel Complex", *International Journal of Plant, Animal and Environmental Sciences,* 4(*1*), 511-518.

Mohan, S, Nithila, P. e Reddy, S. (1996) Estimation of Heavy Metal In Drinking Water And Development Of Heavy Metal Pollution Index. *Journal of Environmental Science and Health*, 31(*1*), 283-289.

Morris, M. e Levy, G. (1983). Absorção de sulfato de sulfato de magnésio administrado por via oral no homem. *Jornal de Toxicologia - Toxicologia Clínica*, 20(*1*), 107-114.

Mounjid, J., Coben, N., Fadlaoui, S. e Oubraim, S. (2014). Estudo da qualidade físico-química e microbiológica da água em Bouskoura: Peri-Urbain de Casablanca Marrocos. *Revista Internacional de Investigação em Ciências Ambientais*, 3(*1*), 60-66.

Murhekar, G. (2011). Determinação de parâmetros físico-químicos de amostras de água de superfície. Cidade de Akot, Índia. *Revista Internacional de Investigação Atual e Revisão Académica*, 2(*12*), 31-41.

Academia Nacional de Ciências, (1980). Drinking water and health, Vol. 3. Washington, DC, National Academy Press.

Conselho Nacional de Investigação. (1979) Iron. Baltimore, MD, University Park Press. Agência Alimentar Nacional da Dinamarca. Food monitoring in Denmark. Copenhaga. (Publicação nº 195).

Naveen, B., Mahaparta, D., Sitharam, T., Sivapullaiah P. e Ramachandra, T. (2017) Caracterização físico-química e biológica de lixiviados de aterros municipais urbanos. *Poluição Ambiental.* 220(*A*),1-12.

Ndefo, C., Alumanah, E. e Joshua P. (2011) Avaliação físico-química dos efeitos das concentrações de sólidos suspensos totais, sólidos dissolvidos totais e dureza total nas amostras de água na cidade de Nsukka, Estado de Enugu, Nigéria. *Journal of America Science,* 77(1), 827-836.

Nirmala, B., Suresh. K., Suchetan, P. e Shet, P. (2012). Variações sazonais das características físico-químicas das amostras de água subterrânea da cidade de Mysore, Karanatako, Índia. *Revista Internacional de Investigação em Ciências Ambientais.* 1(*4*), 43-49.

Nriagu, J., e Nieboer E, eds., (1988) Chromium in the Natural and Human Environments. Nova Iorque, NY, John Wiley.

Obed, H., (2012). Avaliação microbiológica e físico-química da qualidade da água de superfície ao longo do rio Asukawkaw na região de Volta. Dissertação de mestrado, Universidade Kwame Nkrumah, Gana.

Obioma, A., Nnenna, I. e Golden, O. (2020). Avaliação do risco bacteriológico das fontes de água potável dos furos em alguma parte da metrópole de Port Harcourt do Delta do Níger, Nigéria. *Jornal de Investigação Científica e Técnica*, 18477- 18487

Obunwo, C. e Opurum, I. (2013). Avaliação e comparação dos parâmetros de qualidade da água de riachos de superfície de água doce e poços cavados à mão na comunidade de Isiokpo, estado de Rivers, Nigéria. *Jornal de Investigação em Ciências Naturais. 3 (13)*, 1-5.

130

Okoya, A. e Elufowoju, M. (2020) Avaliação sazonal das propriedades físico-químicas das águas subterrâneas em algumas aldeias em redor de uma indústria de reciclagem de ferro e aço no sudoeste da Nigéria. *Jornal Americano de Recursos Hídricos*, 8(*4*), 164-172.

Okparanma, R., Jumbo, R. e Chukwu, F. (2016) "Combined Effects of Municipal and Industrial Wastes on the Quality of the New Calabar northern River, Nigeria" *International Journal of Water Resources and Environmental Engineering*, 8(*8*): 103-112.

Oludairo, O. e Aiyedun, J. (2016). "Contaminação de água de saqueta embalada comercialmente e as implicações para a saúde pública: An Overview," *Bangladesh Journal of veterinary medicine*, 13(*2*), 73-81.

Olumuyiwa, L., Fred, A. e Ochieng, M. (2012) Características, Qualidades, Poluições e Tratamentos da Água em Durban, África do Sul. *Revista Internacional de Recursos Hídricos e Engenharia Ambiental*, 4(*6*), 162-170.

Oluyemi, A., Obi, C., Okon, A., Tokunbo, O., Ukata, S., e Edet, U. (2014). Variação sazonal nas características físico-químicas da água de superfície no rio Etche, área do Delta do Níger da Nigéria. *Jornal de Ciências Ambientais, Toxicologia e Tecnologia Alimentar*, 8(*7*), 01-07.

Ombaka, O., Gichumbi, J., e Kibara, D. (2013). Avaliação da qualidade da água subterrânea e da água da torneira nas aldeias que rodeiam a cidade de Chuka, no Quénia. *Jornal de Ciências Químicas, Biológicas e Físicas*, 3(*1*), 1551-1563.

Onabolu, B., Jimoh, O., Igboro S. e Sridhar, M. (2011) Mudanças na água potável da fonte para o ponto de utilização e conhecimentos, atitudes e práticas no Estado de Katsina, Norte da Nigéria. *Química Física da Terra.* 36(*1*), 1189-1196.

Onuorah, S., Igwemadu, N., Odibo, F. (2019). Efeito da variação sazonal nas características físico-químicas da água do poço nas comunidades de Ogbaru, estado de Anambra, Nigéria. *Recursos Naturais e Conservação,* 7(*1*), 1-8.

Onyinloye, A., (2015) "Análise das características da qualidade da água do riacho Intawaogba" Um tópico de projeto em cumprimento parcial para a atribuição do grau de bacharel em Engenharia Ambiental. Universidade de Port Harcourt, Nigéria.

Opara, A. e Nnodim, J., (2014). Prevalência de Bactérias em Água Engarrafada e de Saqueta Vendida na Metrópole de Owerri. *International Journal of Science Innovations and Discoveries*. 4(*57*), 117-122.

Ouma, S. (2015) Qualidade físico-química e bacteriológica da água de cinco áreas de captação rurais da bacia do Lago Vitória no Quénia. Dissertação de Mestrado, 8-22.

Oyoo, G. (2017). Efeito dos efluentes da indústria açucareira de Sukari no rio Kuja e na comunidade de Kanyikela do Sul no condado de Homa-Bay. Tese de doutoramento, Universidade de Nairobi, Quénia.

Paiu, M. e Breabăn I. (2014). Índice de Qualidade da Água - Um Instrumento para Gestão de Recursos Hídricos. Anais dos componentes do ar e da água do meio ambiente, Universidade Babeş-Bolyai, 2014, 391-398.

Patil, D., Chavan, S. e Oubagaranadin, J. (2016). Uma revisão das tecnologias para remoção de manganês de águas residuais. *Jornal de Engenharia Química Ambiental*, 4(*1*), 468-487.

Pei-yui, L., Hui, Q. e Jian-Hua W. (2010), Avaliação da qualidade das águas subterrâneas com base num índice de qualidade da água melhorado no condado de Pengyang, Ningxia, Noroeste da China. *Jornal Eletrónico de Química,* 7(*1*), 209-216.

Pennino, M., Compton, J. e Leibowitz, S. (2017). Tendências nas violações de nitrato de água potável nos Estados Unidos. *Ciência e Tecnologia Ambiental,* 51(*22*), 1-11

Plate, D., Strassmann, B. e Wilson, M (2004), Water Sources Are Associated With Childhood Diarrhoea Prevalence In Rural East-Central Mali. *Tropical Medicine and International Health*, 9(*3*), 416-425.

Prasad, M., Muralidhara, B., Ramakrishna, M. e Sunitha, V. (2014). Estudos sobre parâmetros físico-químicos para avaliar a qualidade da água em Obulavaripalli-Mandal do distrito de Kadapa, Andhra Pradesh Índia. Revista Internacional de Investigação Atual e Revisão Académica, 2 (*12*), 31-41.

Prospero, J. e Savoie, D. (1989). Efeito de fontes continentais de concentrações de nitrato sobre o Oceano Pacífico. *Nature*, 339(*6227*), 687-689.

Rahmanian, N., Sitihajarbt, A., Homayoonfard, N. e Rehan, M. (2015). Análise de parâmetros físico-químicos para avaliar a qualidade da água potável no estado de Perak, Malásia. *Journal of Chemistry*. 1(*2*), 1-10.

Raju, R., Salam, A. e Murugesan, K. (2012). Análise físico-química e microbiana de diferentes águas fluviais no oeste de Tamil Nadu, Índia. *Revista de Investigação em Ciências do Ambiente,* 1(*1*), 2-6.

Requirements of vitamin A, (1988), Iron, folate and vitamin B12. Relatório de uma consulta conjunta de peritos da FAO/OMS. Roma, Organização das Nações

Unidas para a Alimentação e a Agricultura, (FAO Food and Nutrition Series, No. 23).

Scheili, A., Delpla, I., Sadiq, R. e Rodriguez, M. (2016b). Impacto da qualidade da água bruta e dos fatores climáticos na variabilidade da qualidade da água potável em pequenos sistemas. *Gestão de Recursos Hídricos*, 30(*1*), 2703-2718.

Shrinivasa, R. e Venkateswaralu, P. (2000) Physicochemical Analysis of Selected Groundwater Samples. *Indian Journal of Environmental Protection.* 20(*3*),161.

Slooff W. (1989). Documento de Critérios Integrados: Crómio. Bilthoven, Países Baixos: Instituto Nacional de Saúde Pública e Proteção Ambiental (Relatório N0. 758701002).

Su, F., Wu, J. e He, S. (2019), "Análise de pares de conjuntos (SPA)-Modelo de cadeia de Markov para avaliação e previsão da qualidade das águas subterrâneas: Um estudo de caso da cidade de Xi'an, China. *Avaliação de riscos humanos e ecológicos: An International Journal, 25(1-2), 158-175.*

Subba, Rao, N., Srihari, C. e Spandana, B. (2019). Compreensão abrangente da qualidade das águas subterrâneas e hidrogeoquímica para o desenvolvimento sustentável da área suburbana de Visakhapat-nam, Andhra Pradesh, Índia. *Avaliação de riscos humanos e ecológicos: An International Journal. 25(1-2),52-80.*

Suthar, S., Bishnoi, P., Singh, S., Mutiyar, P. e Patil, N. (2009). Nitrate Contamination In Groundwater Of Some Rural Areas of Rajasthan, India (Contaminação por nitratos nas águas subterrâneas de algumas zonas rurais do Rajastão, Índia). *Hazard Mater,* 171(*1*), 189-199.

Tabor, M., Kibret, M., e Abera, B. (2011) Qualidade bacteriológica e físico-química da água potável e práticas de higiene e saneamento dos consumidores na cidade de Bahir Dar, Etiópia. *Ethiopian Journal of Health Sciences,* 21(*1*); 19-26.

Teame, T., e Zebib, H. (2016). Variação sazonal nos parâmetros físico-químicos do reservatório de Tekeze, norte da Etiópia. *Animal Research International*, 13(*2*), 2413 -2420.

Thanomsangad, P., Tengjaroenkul, B. e Sriuttha, M. (2020). Acumulação de metais pesados em sapos ao redor de um local de despejo de lixo eletrônico e avaliação de risco à saúde humana. *Avaliação de Riscos Humanos e Ecológicos: An International Journal,* 26(*5*), 1313-1328.

Thurmer, K., Williams, E. e Reutt-Robey, J. (2002). Autocatalytic oxidation of lead crystallite surfaces (Oxidação autocatalítica de superfícies de cristalitos de chumbo). *Science.* 297(*5589*), 2033-2035.

Tian, R. e Wu, J. (2019), "Avaliação da qualidade das águas subterrâneas por análise de pares de conjuntos melhorados com ponderação da teoria dos jogos e estimativa de risco para a saúde de contaminantes para a fonte de água potável Xuecha numa área de loess no noroeste da China. *Human and Ecological Risk Assessment: An International Journal, 25(1-2),* 132-157.

Toko, M. e Giwa, A. (2020). Artigo de pesquisa original Avaliação da qualidade das águas subterrâneas em Port Harcourt, Nigéria, usando o resumo das informações do artigo do Índice Aritmético Ponderado de Qualidade da Água. *Jornal de Investigação Nigeriano de Engenharia e Ciências Ambientais,* 5(2), 894-900.

U.S. EPA, (Agência de Proteção Ambiental dos EUA). 2015. Regulamentos nacionais sobre água potável primária 40 CFR Parte 141. RIN 2040-ZA26. *Registo Federal,* 82(*7*), 3518-3552.

Ubechu, B., Ikoro, D., Irefin, M., Israel, H., e Mohammed, A., (2021). Avaliação das características físico-químicas das águas subterrâneas em torno de um enchimento de terra sem forro, Aba, sudeste da Nigéria. *Jornal de Investigação em Ciências Ambientais e da Terra.* 7(10), 76-82.

Ujile, A., Abam, T., Sabastine, N. e Ibinabo, O., (2021). Avaliação dos efeitos dos poluentes na qualidade das águas subterrâneas em Okrika, Nigéria. *Revista Internacional de Ciência Inovadora e Tecnologia de Investigação, 6(8),* 112-122.

US DHEW, (1962) Drinking water standards - 1962. Washington, DC, US Department of Health, Education and Welfare, Public Health Service; US Government Printing Office (Publicação nº 956).

US -EPA, (1999b) Health Effects From Exposure To High Levels Of Sulfate In Drinking Water Workshop. Washington, DC, Agência de Proteção do Ambiente dos EUA, Gabinete da Água (EPA 815-R-99-002).

US-EPA (Agência de Proteção Ambiental dos EUA) (2017) Critérios Nacionais Recomendados para a Qualidade da Água - Tabela de Critérios para a Vida Aquática e Tabela de Critérios para a Saúde Humana.

US-EPA, (1984) Health Assessment Document For Manganese. Cincinnati, OH, Agência de Proteção Ambiental dos Estados Unidos, Gabinete de Avaliação e Critérios Ambientais (EPA-600/8-83-013F).

US-EPA, (1985) National Primary Drinking Water Regulations; Synthetic Organic Chemicals, Inorganic Chemicals And Microorganisms; Proposed Rule. Agência de Proteção Ambiental dos EUA. *Registo Federal.* 50(*219*), 46936

US-EPA, (1999a). Health effects from exposure to high levels of sulfate in drinking water study (Efeitos na saúde da exposição a níveis elevados de sulfato no estudo da água potável). Washington, DC, Agência de Proteção Ambiental dos EUA, Gabinete da Água (EPA 815-R-99-001).

US-EPA, (2002) Health Effects Support Document For Manganese (Documento de apoio aos efeitos na saúde do manganês). Washington, DC, United States Environmental Protection Agency, Office of Water.

US-EPA, (Agência de Proteção Ambiental dos EUA) (2011). Manual de Factores de Exposição, Edição de 2011 (Relatório Final). EPA/600/R-09/052F. Washington DC.

Van Duijvenboden, W., e Matthijsen, A. (1989). Integrated criteria document nitrate. Bilthoven, Instituto Nacional de Saúde Pública e Ambiente (Relatório RIVM n.º 758473012).

Vissers, M., vanderveer G, van Gaans P. e van, O. (2005). Os controlos e as fontes de elementos menores e vestigiais nas águas subterrâneas em aquíferos arenosos. *Estudos Geológicos dos Países Baixos.* 335(*1*), 89-121.

Wafula, M. (2014). Efeitos de algumas práticas de uso do solo nos parâmetros físico-químicos da água, carga de nutrientes e concentração de metais pesados na água e nos sedimentos ao longo do rio Mara, tese de mestrado, Universidade de Maseno, Quénia.

Wani, A., Ara, A. e Usmani, J. (2015). Toxicidade do chumbo: Uma revisão. Toxicologia Interdisciplinar. 8(*2*):55-64.

Wateraid.org. Notícias da WaterAid-Water Charity (2016). Acedido em 20 de novembro de 2020.

OMS, (2018), Drinking-water. Fichas informativas da Organização Mundial de Saúde, https://www.who.int/en/news-room/fact-sheets/detail/drinking-water, Acedido em 20 de agosto de 2020.

OMS, (Organização Mundial de Saúde), (1993) Guidelines For Drinking Water Quality. 2ª Edição. Organização Mundial de Saúde, Genebra, Suíça.

OMS/UNEP, (1989) GEMS - Global fresh water quality. Publicado em nome da Organização Mundial de Saúde/Programa das Nações Unidas para o Ambiente. Oxford, Blackwell Reference.

Yocom J., (1982) Indoor/outdoor Air Quality Relationships: A Critical Review. *Journal of the Air Pollution Control Association*, 32:500-606.

Young, C., e Morgan-Jones, M., (1980). A Hydrogeochemical Survey Of the Chalk Groundwater Of the Banstead area, Surrey, with particular reference to nitrate. *Journal of the Institute of Water Engineers and Scientists*, 34(*1*), 213-236.

Yusuf, K., (2007). Avaliação das características da quantidade de água subterrânea na cidade de Lagos. *Jornal de Ciências Aplicadas, 7(13)*, 1780-1784.

Zvidzai, C., Mukutirwa, T., Mundembe, R., Sithole-Niang, I., (2007). Análise da Comunidade Microbiana de Fontes de Água Potável de Áreas Rurais do Zimbabué. *Jornal Africano de Investigação Microbiológica*, 1(*6*):100-103.

APÊNDICES

Apêndice A

Quadro A1: Normas físico-químicas combinadas da OMS, SON E NAFDAC (Ndefo *et al.* 2011)

S/No.	Parâmetro	NAFDAC MÁXIMO LIMITES PERMITIDOS	FILHO PADRÃO	NORMAS DA OMS	
				Mais elevado Desejável	Máximo admissível
1.	Cor	3.0TCU	3,0 TCU	3.0TCU	15.0TCU
2.	Odor	Inaceitável	Inaceitável	Inaceitável	Inaceitável
4.	pH a 20 C^0	6.50-8.5	6.50-8.5	7.0-8.9	6.50-9.50
5.	Turbidez	5,0 NTU	5,0 NTU	5,0 NTU	5,0 NTU
6.	Condutividade	1000 (us/cm)$^{-1}$	1000 (us/cm)$^{-1}$	900 (us/cm)$^{-1}$	1200 (us/c)$^{-1}$
7.	Sólidos totais	500 mg/L	500 mg/L	500 mg/L	1500 mg/L
8.	Alcalinidade total	100 mg/L	100 mg/L	100 mg/L	100 mg/L
9	Cloreto	100 mg/L	100 mg/L	200 mg/L	250 mg/L
10.	Cobre	1,0 mg/L	1,0 mg/L	0,5 mg/L	2,0 mg/L
11.	Ferro	0,3 mg/L	0,3 mg/L	1 mg/L	3 mg/L
12.	Nitrato	100 mg/L	100 mg/L	10 mg/L	50 mg/L
14.	Manganês	2,0 mg/L	2,0 mg/L	0,1 mg/L	0,4 mg/L
15.	Magnésio	20 mg/L	20 mg/L	20 mg/L	20 mg/L
16.	Sulfato	100 mg/L	100 mg/L	250 mg/L	500 mg/L
17.	Cálcio	75 mg/L	75 mg/L	NS	NS
18.	Chumbo	0,01 mg/L	0,01 mg/L	0,01 mg/L	0,01 mg/L
19.	Crómio	0,05 mg/L	0,05 mg/L	0,05 mg/L	0,05 mg/L

| 20. Dureza total (CaCO$_3$) | 100 mg/L | 100 mg/L | 100 mg/L | 500 mg/L |

OMS = Organização Mundial de Saúde - SON = Organização Normalizada da Nigéria.

NAFDAC= Agência Nacional para a Administração e Controlo de Alimentos e Medicamentos.

Quadro A2: Resultados dos parâmetros físico-químicos das amostras de água em várias estações da comunidade de Nkoro e normas da OMS, SON para a estação húmida

Parâmetros	SS1BO	SS2BO	SS3BO	SS4BO	SS5WE	SS6BO	Limite da OMS	FILHO Limite
TEMP (°C)	26.67±0.58	25.67±0.58	25.67±0.6	25.67±.0.58	25.67±0.58	26.67±0.58	Ambiente	Ambiente
pH	4.25±0.35	6.75±0.13	5.73±0.06	5.4±0.22	6.22±0.03	4.48±1.26	6.5-8.5	6.5-8.5
CONDUCTIVIDADE (µS/cm)	25.17±1.04	394.50±7.85	72.17±4.65	122.33±100.60	239±0.87	42.83±1.26	1000	1000
TDS (Mg/L)	16.79±0.69	263.13±5.24	48.14±3.09	81.59±67.10	159.41±0.58	28.57±0.84	600	500
SST (Mg/L)	16.73±0.64	11.07±1.00	9.30±0.36	13.37±0.47	8.367±0.15	10.37±0.47	-	25
TURBIDEZ (NTU)	14.93±0.12	1.31±0.01	0.41±0.01	0.6±0.00	1.7±0.00	0.22±0.02	5	5
CBO (Mg/L)	1.96±0.62	2.19±1.08	1.83±1.42	1.56±1.49	1.83±0.54	1.89±0.94	5	5
DO (Mg/L)	8.05±0.31	10.92±0.32	10.08±0.71	10.08±0.12	8.25±0.23	9.68±0.42	6	-
CQO (Mg/L)	9.07±0.12	20.07±0.12	8.07±0.12	9.03±0.06	11.13±0.12	5.13±0.23	40	-
SULFATO (Mg/L)	0.76±0.17	0.44±0.29	0.70±0.17	0.91±0.09	1.26±0.06	0.80±0.07	250	100
FOSFATO (Mg/L)	0.01±0.00	0.17±0.06	0.02±0.00	0.02±0.01	0.06±0.00	0.02±0.00	5	5
NITRATO (Mg/L)	0.18±0.27	0.22±0.04	0.51±0.27	0.25±0.31	0.78±0.33	0.44±0.06	45	10
DUREZA TOTAL (Mg/L)	16.00±2.65	45.33±5.03	23.33±5.5	31.33±3.06	55.33±5.03	14.00±2.00	300	100

CÁLCIO (Mg/L)	2.05±0.65	16.27±0.92	6.80±0.40	5.07±2.34	8.05±7.26	2.27±0.61	75	75
MAGNÉSIO (Mg/L)	2.61±0.96	1.12±1.69	2.29±0.12	4.48±1.95	8.45±3.80	2.00±0.49	50	20
ALCALINIDADE (Mg/L)	8.33±0.58	19.00±0.00	13.00±1.00	12.67±1.15	24.33±2.08	6.33±0.76	120	100
COR (TCU)	38.50±9.04	Nulo	Nulo	Nulo	Nulo	Nulo	15	3
CLORETO (Mg/L)	6.34±0.51	57.04±14.47	11.83±0.59	11.32±0.59	9.97±0.59	10.90±2.86	250	100
Chumbo (Mg/L)	0.12±0.01	0.10±0.00	0.09±0.00	0.1±0.02	0.11±0.02	0.10±0.01	0.01	0.01
FERRO (Mg/L)	0.11±0.004	0.12±0.006	0.12±0.01	0.10±0.0	0.09±0.01	0.07±0.01	3	0.3
MANGANÊS (Mg/L)	0.04±0.0	0.07±0.00	0.06±0.00	0.045±0.00	0.06±0.00	0.03±0.00	0.4	2.0
CROMO (Mg/L)	Nulo	Nulo	Nulo	Nulo	Nulo	Nulo	0.05	0.05
COBRE (Mg/L)	Nulo	Nulo	Nulo	Nulo	Nulo	Nulo	2.0	1.0

Tabela A3: Resultados dos parâmetros físico-químicos das amostras de água em várias estações da comunidade de Nkoro e normas da OMS e SON para a estação seca

Parâmetros	SS1BO	SS2BO	SS3BO	SS4BO	SS5WE	SS6BO	Limite da OMS	FILHO Limite
TEMP (º C)	27.67±0.58	27.33±0.58	27.00±1.00	27.00±1.00	26.67±0.58	27.33±0.58	Ambiente	Ambiente
pH	4.12±0.25	6.60±0.05	5.63±0.06	5.30±0.20	6.15±0.05	4.40±0.17	6.5-8.5	6.5-8.5
CONDUCTIVIDADE (µS/cm)	22.67±0.58	387.33±12.41	71.00±3.46	122.00±100.46	238.50±0.50	42.33±1.15	1000	1000
TDS (Mg/L)	15.12±0.39	258.35±8.28	47.36±2.31	81.37±67.01	159.08±0.33	28.24±0.77	600	500
SST (Mg/L)	13.40±0.69	10.00±1.00	8.73±0.64	11.80±0.53	7.37±0.15	9.33±0.58	-	25
TURBIDEZ (NTU)	13.40±1.22	1.20±0.00	0.37±0.06	0.50±0.00	1.50±0.00	0.21±0.01	5	5
CBO (Mg/L)	1.72±0.20	1.77±1.00	1.89±1.83	2.06±1.04	2.19±0.49	1.84±0.95	5	5
DO (Mg/L)	7.58±0.47	10.31±0.49	9.61±1.02	9.91±0.21	8.01±0.22	9.22±0.25	6	-
CQO (Mg/L)	8.50±0.50	19.33±0.15	7.33±0.42	8.43±0.38	10.57±0.38	4.50±0.50	40	-
SULFATO (Mg/L)	0.73±0.17	0.43±0.29	0.60±0.18	0.85±0.13	1.24±0.06	0.79±0.06	250	100
FOSFATO (Mg/L)	0.01±0.00	0.10±0.00	0.01±0.00	0.01±0.00	0.05±0.00	0.01±0.01	5	5
NITRATO (Mg/L)	0.17±0.27	0.22±0.03	0.49±0.27	0.23±0.32	0.77±0.33	0.43±0.08	45	10
DUREZA TOTAL (Mg/L)	13.33±2.31	42.00±3.46	18.80±3.27	26.00±2.00	46.00±7.21	11.33±3.06	300	100

CÁLCIO (Mg/L)	**1.92±0**.55	**14.93±0**.46	**6.13±0**.46	4.64±2.39	**6.99±7.8**4	**1.97±0**.40	75	75
MAGNÉSIO (Mg/L)	**2.05±0**.78	**1.12±1.**11	**0.83±0**.78	3.46±1.83	**6.85±3.8**0	**1.54±0.**67	50	20
ALCALINIDADE (Mg/L)	**7.00±1**.00	**16.00±1**.73	**11.33±**1.53	10.33±0.58	**21.00±1.**73	**5.17±1.**04	120	100
COR (TCU)	**35.67±**8.13	Nulo	Nulo	Nulo	Nulo	Nulo	15	3
CLORETO (Mg/L)	**5.41±0**.59	**63.29±1**5.76	**9.97±1**.28	3.55±0.51	**2.87±1.1**7	**3.80±3.**55	250	100
Chumbo (Mg/L)	0.31±0.08	**0.49±0.**08	**0.64±0**.15	**0.33±0.1**1	**0.20±0.0**0	**0.42±0.**04	0.01	0.01
FERRO (Mg/L)	0.99±0.43	**2.66±0.**35	**1.74±0**.40	**1.15±0.9**0	**2.35±1.1**5	**2.88±0.**69	3	0.3
MANGANÊS (Mg/L)	0.19±0.04	**0.33±0.**17	**0.37±0**.12	**0.30±0.1**2	**0.37±0.1**2	**0.81±0.**04	0.4	2.0
CROMO (Mg/L)	1.40±0.49	**1.69±0.**86	**1.97±0**.99	**1.11±0.4**9	**2.26±0.4**9	**1.40±0.**49	0.05	0.05
COBRE (Mg/L)	0.32±0.13	**0.19±0.**07	**0.32±0**.17	**0.25±0.2**3	**0.34±0.2**1	**0.41±0.**04	2.0	1.0

Legenda: SS1BO (projeto de água assistido pelo Governo Federal), SS2BO (projeto de água assistido pelo Banco Mundial), SS3BO (furo individual), SS4BO (projeto de água da União Europeia I), SS5WE (água de poço) e SS6BO (projeto de água da União Europeia II).

Tabela A4: Resultados dos parâmetros físico-químicos com os limites OMS e SON para SS1BO (estação húmida)

Parâmetros	Mínimo	Máximo	Média ± Std	OMS LIMITE	FILHO Limite
TEMPERATURA (^{o}C)	26.00	27.00	2.67±0.58	Ambiente	Ambiente
pH	4.00	4.65	4.25 ±0.35	6.5-8.5	6.5-8.5
CONDUCTIVIDADE (µS/cm)	24.00	26.00	25.17±1.04	1500	1000
TDS (mg/L)	16.01	17.34	16.79±0.69	600	500
SST (mg/L)	16	17.2	16.73±0.64	500	25
TURBIDEZ (NTU)	14.80	15.00	14.93± 0.12	5	5
CBO (mg/L)	1.42	2.64	1.96±0.62	5	5
DO (mg/L)	7.71	8.32	8.05±0.31	6	-
CQO (mg/L)	9.00	9.20	9.07±0.12	40	-
SULFATO (mg/L)	0.56	0.87	0.76±0.17	250	100
FOSFATO (mg/L)	0.01	0.01	0.01 ± 0.00	5	5
NITRATO (mg/L)	-0.12	0.39	0.18±0.27	45	10
T. DUREZA (mg/L)	14.00	19.00	16.00±2.65	300	100
CÁLCIO (mg/L)	1.60	2.80	2.05±0.65	75	75
MAGNÉSIO (mg/L)	1.68	3.60	2.61 ±0.96	50	20
ALCALINIDADE (mg/L)	8.00	9.00	8.33±0.58	120	100
COR (TCU)	29.00	47.00	38.50±9.04	15	3
CLORETO (mg/L)	5.83	6.84	6.34±0.51	250	100
CHUMBO (mg/L)	0.12	0.13	0.12±0.01	0.01	0.01

FERRO (mg/L)	0.10	0.11	0.11±0.00	3	0.3
MANGANÊS (mg/L)	0.042	0.045	0.04±0.00	0.4	2.0
CROMO (mg/L)	Nulo	Nulo	Nulo	0.05	0.05
COBRE (mg/L)	Nulo	Nulo	Nulo	2.0	1.0

Tabela A5: Resultados dos parâmetros físico-químicos com os limites OMS e SON para SS2BO (estação húmida)

Parâmetros	Mínimo	Máximo	Média±Std	OMS LIMITE	FILHO Limite
TEMPERATURA (^{o}C)	25.00	26.00	25.67±0.58	Ambiente	Ambiente
pH	6.65	6.90	6.75±0.13	6.5-8.5	6.5-8.5
CONDUCTIVIDADE (µS/cm)	386.00	401.50	394.50±7.86	1500	1000
TDS (mg/L)	257.46	267.80	263.13±5.24	600	500
SST (mg/L)	10.00	12.00	11.07±1.00	500	25
TURBIDEZ (NTU)	1.30	1.32	1.31±0.01	5	5
CBO (mg/L)	1.09	3.25	2.19±1.08	5	5
DO (mg/L)	10.56	11.17	10.92±0.32	6	-
CQO (mg/L)	20.00	20.20	20.07±0.12	40	-
SULFATO (mg/L)	0.12	0.69	0.44±0.29	250	100
FOSFATO (mg/L)	0.10	0.20	0.17±0.06	5	5
NITRATO (mg/L)	0.19	0.27	0.22±0.04	45	10
T. DUREZA (mg/L)	40.00	50.00	45.33±5.03	300	100
CÁLCIO (mg/L)	15.20	16.80	16.27±0.92	75	75
MAGNÉSIO (mg/L)	-0.48	2.88	1.12±1.69	50	20

	Mínimo	Máximo	Média±Std	OMS	FILHO
ALCALINIDADE (mg/L)	19.00	19.00	19.00±0.00	120	100
COR (TCU)	Nulo	Nulo	Nulo	15	3
CLORETO (mg/L)	40.56	67.68	57.04±14.47	250	100
CHUMBO (mg/L)	0.10	0.11	0.10±0.00	0.01	0.01
FERRO (mg/L)	0.11	0.13	0.12±0.01	3	0.3
MANGANÊS (mg/L)	0.07	0.10	0.07±0.00	0.4	2.0
CROMO (mg/L)	Nulo	Nulo	Nulo	0.05	0.05
COBRE (mg/L)	Nulo	Nulo	Nulo	2.0	1.0

Tabela A6: Resultados dos parâmetros físico-químicos com os limites OMS e SON para SS3BO (estação húmida)

Parâmetros	Mínimo	Máximo	Média±Std	OMS LIMITE	FILHO Limite
TEMPERATURA (^{o}C)	25.00	26.00	25.67±0.58	Ambiente	Ambiente
pH	5.70	5.80	5.73±0.06	6.5-8.5	6.5-8.5
CONDUCTIVIDADE (µS/cm)	69.00	77.50	72.17±4.65	1500	1000
TDS (mg/L)	46.02	51.69	48.14±3.09	600	500
SST (mg/L)	9.00	9.70	9.30±0.36	500	25
TURBIDEZ (NTU)	0.40	0.42	0.41±0.01	5	5
CBO (mg/L)	0.41	3.25	1.83±1.42	5	5
DO (mg/L)	9.34	10.76	10.08±0.71	6	-
CQO (mg/L)	8.00	8.20	8.07±0.12	40	-
SULFATO (mg/L)	0.50	0.82	0.70±0.17	250	100
FOSFATO (mg/L)	0.02	0.02	0.02±0.00	5	5
NITRATO (mg/L)	0.33	0.83	0.51±0.28	45	10

Parâmetros					
T. DUREZA (mg/L)	17.00	27.00	23.33±5.51	300	100
CÁLCIO (mg/L)	6.40	7.20	6.80±0.40	75	75
MAGNÉSIO (mg/L)	2.16	2.40	2.29±0.12	50	20
ALCALINIDADE (mg/L)	12.00	14.00	13.00±1.00	120	100
COR (TCU)	Nulo	Nulo	Nulo	15	3
CLORETO (mg/L)	11.15	12.17	11.83±0.59	250	100
CHUMBO (mg/L)	0.09	0.10	0.09±0.00	0.01	0.01
FERRO (mg/L)	0.12	0.13	0.12±0.01	3	0.3
MANGANÊS (mg/L)	0.05	0.06	0.06±0.00	0.4	2.0
CROMO (mg/L)	Nulo	Nulo	Nulo	0.05	0.05
COBRE (mg/L)	Nulo	Nulo	Nulo	2.0	1.0

Tabela A7: Resultados dos parâmetros físico-químicos com limites OMS e SON para SS4BO (estação húmida)

Parâmetros	Míni mo	Máximo	Média±Std	OMS LIMITE	FILHO Limite
TEMPERATURA (^{o}C)	25.00	26.00	25.67±0.58	Ambiente	Ambiente
pH	5.20	5.60	5.40±0.22	6.5-8.5	6.5-8.5
CONDUCTIVIDADE (μS/cm)	64.00	238.50	122.33±100.60	1500	1000
TDS (mg/L)	46.69	159.08	81.59±67.10	600	500
SST (mg/L)	13.00	13.90	13.37±0.47	500	25
TURBIDEZ (NTU)	0.60	0.60	0.60±0.00	5	5

CBO (mg/L)	0.41	3.25	1.56±1.49	5	5
DO (mg/L)	9.95	10.15	10.08±0.12	6	-
CQO (mg/L)	9.00	9.10	9.03±0.06	40	-
SULFATO (mg/L)	0.80	0.98	0.91±0.09	250	100
FOSFATO (mg/L)	0.01	0.02	0.02±0.01	5	5
NITRATO (mg/L)	-0.03	0.59	0.25±0.31	45	10
T. DUREZA (mg/L)	28.00	34.00	31.33±3.06	300	100
CÁLCIO (mg/L)	2.40	6.80	5.07±2.34	75	75
MAGNÉSIO (mg/L)	3.12	6.72	4.48±1.95	50	20
ALCALINIDADE (mg/L)	12.00	14.00	12.67±1.15	120	100
COR (TCU)	Nulo	Nulo	Nulo	15	3
CLORETO (mg/L)	10.65	11.66	11.32±0.59	250	100
CHUMBO (mg/L)	0.08	0.12	0.10±0.02	0.01	0.01
FERRO (mg/L)	0.10	0.10	0.10±0.00	3	0.3
MANGANÊS (mg/L)	0.04	0.05	0.05±0.00	0.4	2.0
CROMO (mg/L)	Nulo	Nulo	Nulo	0.05	0.05
COBRE (mg/L)	Nulo	Nulo	Nulo	2.0	1.0

Tabela A8: Resultados dos parâmetros físico-químicos com os limites OMS e SON para SS5WE (estação húmida)

Parâmetros	Mínimo	Máximo	Média±Std	OMS LIMITE	FILHO Limite
TEMPERATURA ($^{\circ}$C)	25.00	26.00	25.67±0.58	Ambiente	Ambiente

pH	6.20	6.25	6.22±0.03	6.5-8.5	6.5-8.5
CONDUCTIVIDADE (µS/cm)	238.50	240.00	239.00±0.87	1500	1000
TDS (mg/L)	159.08	160.08	159.41±0.58	600	500
SST (mg/L)	8.20	8.50	8.367±0.15	500	25
TURBIDEZ (NTU)	1.70	1.70	1.70±0.00	5	5
CBO (mg/L)	1.22	2.23	1.83±0.54	5	5
DO (mg/L)	8.12	8.53	8.26±0.23	6	-
CQO (mg/L)	11.00	11.20	11.13±0.12	40	-
SULFATO (mg/L)	1.22	1.33	1.26±0.06	250	100
FOSFATO (mg/L)	0.06	0.06	0.06±0.00	5	5
NITRATO (mg/L)	0.41	0.98	0.78±0.33	45	10
T. DUREZA (mg/L)	50.00	60.00	55.33±5.03	300	100
CÁLCIO (mg/L)	1.76	16.00	8.053±7.26	75	75
MAGNÉSIO (mg/L)	4.80	12.38	8.45±3.80	50	20
ALCALINIDADE (mg/L)	22.00	26.00	24.33±2.08	120	100
COR (TCU)	Nulo	Nulo	Nulo	15	3
CLORETO (mg/L)	9.63	10.65	9.97±0.59	250	100
CHUMBO (mg/L)	0.08	0.13	0.11 ±0.02	0.01	0.01
FERRO (mg/L)	0.09	0.10	0.09±0.01	3	0.3
MANGANÊS (mg/L)	0.05	0.06	0.06±0.00	0.4	2.0
CROMO (mg/L)	Nulo	Nulo	Nulo	0.05	0.05
COBRE (mg/L)	Nulo	Nulo	Nulo	2.0	1.0

Tabela A9: Resultados dos parâmetros físico-químicos com os limites OMS e SON para SS6BO (estação húmida)

Parâmetros	Mínimo	Máximo	Média±Std	OMS LIMITE	FILHO Limite
TEMPERATURA ($^{\circ}$C)	26.00	27.00	26.67±0.58	Ambiente	Ambiente
pH	4.25	4.60	4.48±1.26	6.5-8.5	6.5-8.5
CONDUCTIVIDADE (µS/cm)	41.50	44.00	42.83±1.26	1500	1000
TDS (mg/L)	27.68	29.35	28.57±0.84	600	500
SST (mg/L)	10.00	10.9	10.37±0.47	500	25
TURBIDEZ (NTU)	0.20	0.24	0.22±0.02	5	5
CBO (mg/L)	0.81	2.44	1.89±0.94	5	5
DO (mg/L)	9.34	10.15	9.68±0.42	6	-
CQO (mg/L)	5.00	5.40	5.13±0.23	40	-
SULFATO (mg/L)	0.72	0.85	0.80±0.07	250	100
FOSFATO (mg/L)	0.02	0.02	0.02±0.00	5	5
NITRATO (mg/L)	0.37	0.48	0.44±0.06	45	10
T. DUREZA (mg/L)	12.00	16.00	14.00±2.00	300	100
CÁLCIO (mg/L)	1.60	2.80	2.27±0.61	75	75
MAGNÉSIO (mg/L)	1.44	2.40	2.00±0.500	50	20
ALCALINIDADE (mg/L)	5.50	7.00	6.33±0.76	120	100
COR (TCU)	Nulo	Nulo	Nulo	15	3
CLORETO (mg/L)	7.61	12.68	10.90±2.86	250	100

CHUMBO (mg/L)	0.09	0.116	0.10±0.01	0.01	0.01
FERRO (mg/L)	0.06	0.08	0.07±0.01	3	0.3
MANGANÊS (mg/L)	0.03	0.03	0.03±0.00	0.4	2.0
CROMO (mg/L)	Nulo	Nulo	Nulo	0.05	0.05
COBRE (mg/L)	Nulo	Nulo	Nulo	2.0	1.0

Tabela A10: Resultados dos parâmetros físico-químicos com os limites OMS e SON para

SS1BO (Estação seca)

Parâmetros	Mínimo	Máximo	Média±Std	OMS LIMITE	FILHO Limite
TEMPERATURA (^{o}C)	27.00	28.00	27.67±0.58	Ambiente	Ambiente
pH	3.95	4.40	4.12± 0.25	6.5-8.5	6.5-8.5
CONDUCTIVIDADE (µS/cm)	22.00	23.00	22.67±0.58	1500	1000
TDS (mg/L)	14.67	15.34	15.12±0.39	600	500
SST (mg/L)	13.00	14.20	13.40±0.69	500	25
TURBIDEZ (NTU)	12.00	14.20	13.40±1.22	5	5
CBO (mg/L)	1.58	1.95	1.72±0.20	5	5
DO (mg/L)	7.31	8.12	7.58±0.47	6	-
CQO (mg/L)	8.00	9.00	8.50±0.50	40	-
SULFATO (mg/L)	0.54	0.85	0.73±0.17	250	100
FOSFATO (mg/L)	0.01	0.01	0.01±0.00	5	5
NITRATO (mg/L)	-0.14	0.38	0.17±0.27	45	10
T. DUREZA (mg/L)	12.00	16.00	13.33±2.31	300	100
CÁLCIO (mg/L)	1.60	2.56	1.92±0.55	75	75
MAGNÉSIO (mg/L)	1.34	2.88	2.05±0.78	50	20

	Mínimo	Máximo	Média±Std	OMS	FILHO
ALCALINIDADE (mg/L)	6.00	8.00	7.00±1.00	120	100
COR (TCU)	26.50	42.00	35.67±8.13	15	3
CLORETO (mg/L)	5.07	6.08	5.41±0.59	250	100
CHUMBO (mg/L)	0.27	0.40	0.31±0.08	0.01	0.01
FERRO (mg/L)	0.59	1.45	0.99±0.43	3	0.3
MANGANÊS (mg/L)	0.17	0.23	0.19±0.04	0.4	2.0
CROMO (mg/L)	0.83	1.69	1.40±0.49	0.05	0.05
COBRE (mg/L)	0.19	0.45	0.32±0.13	2.0	1.0

Tabela A11: Resultados dos parâmetros físico-químicos com os limites OMS e SON para SS2BO (estação seca)

Parâmetros	Mínimo	Máximo	Média±Std	OMS LIMITE	FILHO Limite
TEMPERATURA (^{o}C)	27.00	28.00	27.33±0.58	Ambiente	Ambiente
pH	6.55	6.65	6.60±0.05	6.5-8.5	6.5-8.5
CONDUCTIVIDADE (µS/cm)	373.50	397.50	387.33±12.41	1500	1000
TDS (mg/L)	249.12	265.13	258.35±8.28	600	500
SST (mg/L)	9.00	11.00	10.00±1.00	500	25
TURBIDEZ (NTU)	1.20	1.20	1.20±0.00	5	5
CBO (mg/L)	0.85	2.84	1.77 ±1.00	5	5
DO (mg/L)	9.74	10.64	10.31±0.49	6	-
CQO (mg/L)	19.20	19.50	19.33 ±0.15	40	-
SULFATO (mg/L)	0.11	0.68	0.43±0.29	250	100
FOSFATO (mg/L)	0.10	0.10	0.10±0.00	5	5

Parâmetros	Mínimo	Máximo	Média±Std	OMS	FILHO
NITRATO (mg/L)	0.19	0.25	0.22 ±0.03	45	10
T. DUREZA (mg/L)	40.00	46.00	42.00±3.46	300	100
CÁLCIO (mg/L)	14.40	15.20	14.93 ± 0.46	75	75
MAGNÉSIO (mg/L)	0.48	2.40	1.12±1.11	50	20
ALCALINIDADE (mg/L)	14.00	17.00	16.00±1.73	120	100
COR (TCU)	Nulo	Nulo	Nulo	15	3
CLORETO (mg/L)	51.21	81.12	63.29±15.76	250	100
CHUMBO (mg/L)	0.40	0.53	0.49±0.08	0.01	0.01
FERRO (mg/L)	2.31	3.00	2.66±0.35	3	0.3
MANGANÊS (mg/L)	0.17	0.51	0.33±0.17	0.4	2.0
CROMO (mg/L)	0.83	2.54	1.69±0.86	0.05	0.05
COBRE (mg/L)	0.13	0.26	0.19±0.07	2.0	1.0

Tabela A12: Resultados dos parâmetros físico-químicos com os limites OMS e SON para SS3BO (estação seca)

Parâmetros	Mínimo	Máximo	Média±Std	OMS LIMITE	FILHO Limite
TEMPERATURA (^{o}C)	26.00	28.00	27.00±1.00	Ambiente	Ambiente
pH	5.60	5.70	5.63±0.06	6.5-8.5	6.5-8.5
CONDUCTIVIDADE (µS/cm)	69.00	75.00	71.00±3.46	1500	1000
TDS (mg/L)	46.02	50.03	47.36±2.31	600	500
SST (mg/L)	8.00	9.20	8.73±0.64	500	25

Parâmetro	Mínimo	Máximo	Média±Std	OMS	FILHO
TURBIDEZ (NTU)	0.30	0.40	0.37±0.06	5	5
CBO (mg/L)	0.00	3.65	1.89±1.83	5	5
DO (mg/L)	8.53	10.56	9.61±1.02	6	-
CQO (mg/L)	7.00	7.80	7.33 ±0.42	40	-
SULFATO (mg/L)	0.50	0.81	0.60 ±0.18	250	100
FOSFATO (mg/L)	0.01	0.01	0.01 ±0.00	5	5
NITRATO (mg/L)	0.31	0.81	0.49 ±0.27	45	10
T. DUREZA (mg/L)	16.00	22.40	18.80 ± 3.27	300	100
CÁLCIO (mg/L)	5.60	6.40	6.13 ± 0.46	75	75
MAGNÉSIO (mg/L)	0.00	1.54	0.83 ± 0.78	50	20
ALCALINIDADE (mg/L)	10.00	13.00	11.33 ±1.53	120	100
COR (TCU)	Nulo	Nulo	Nulo	15	3
CLORETO (mg/L)	8.62	11.15	9.97±1.28	250	100
CHUMBO (mg/L)	0.46	0.73	0.64±0.15	0.01	0.01
FERRO (mg/L)	1.28	1.97	1.74±0.40	3	0.3
MANGANÊS (mg/L)	0.30	0.51	0.37±0.12	0.4	2.0
CROMO (mg/L)	0.83	2.54	1.97±0.99	0.05	0.05
COBRE (mg/L)	0.19	0.52	0.32±0.17	2.0	1.0

Tabela A13: Resultados dos parâmetros físico-químicos com os limites OMS e SON para SS4BO (estação seca)

Parâmetros	Mínimo	Máximo	Média±Std	OMS	FILHO Limite

				LIMITE	
TEMPERATURA (^{o}C)	26.00	28.00	27.00 ± 1.00	Ambiente	Ambiente
pH	5.10	5.50	5.30 ± 0.20	6.5-8.5	6.5-8.5
CONDUCTIVIDADE (μS/cm)	64.00	238.00	122.00± 100.46	1500	1000
TDS (mg/L)	42.69	158.75	81.37 ± 67.01	600	500
SST (mg/L)	11.20	12.20	11.80 ± 0.53	500	25
TURBIDEZ (NTU)	0.50	0.50	0.50 ± 0.00	5	5
CBO (mg/L)	1.30	3.25	2.06 ± 1.04	5	5
DO (mg/L)	9.74	10.15	9.91 ± 0.21	6	-
CQO (mg/L)	8.00	8.70	8.43 ± 0.38	40	-
SULFATO (mg/L)	0.70	0.93	0.85 ± 0.13	250	100
FOSFATO (mg/L)	0.01	0.01	0.01 ± 0.00	5	5
NITRATO (mg/L)	-0.06	0.57	0.23 ±0.32	45	10
T. DUREZA (mg/L)	24.00	28.00	26.00 ± 2.00	300	100
CÁLCIO (mg/L)	1.92	6.40	4.64 ±2.39	75	75
MAGNÉSIO (mg/L)	2.40	5.57	3.46 ±1.83	50	20
ALCALINIDADE (mg/L)	10.00	11.00	10.33±0.58	120	100
COR (TCU)	Nulo	Nulo	Nulo	15	3
CLORETO (mg/L)	9.63	10.65	3.55 ±0.51	250	100
CHUMBO (mg/L)	0.27	0.46	**0.33±0.**11	0.01	0.01
FERRO (mg/L)	0.28	2.08	1.**15±0.**90	3	0.3
MANGANÊS (mg/L)	0.23	0.44	**0.30±0.**12	0.4	2.0
CROMO (mg/L)	0.83	1.69	1.**11±0.**49	0.05	0.05

| COBRE (mg/L) | 0.06 | 0.52 | 0.25±0.23 | 2.0 | 1.0 |

Tabela A14: Resultados dos parâmetros físico-químicos com limites OMS e SON para SS5WE (estação seca)

Parâmetros	Mínimo	Máximo	Média±Std	OMS LIMITE	FILHO Limite
TEMPERATURA (^{o}C)	26.00	27.00	26.67 ±0.58	Ambiente	Ambiente
pH	6.10	6.20	6.15 ±0.05	6.5-8.5	6.5-8.5
CONDUCTIVIDADE (μS/cm)	238.00	239.00	238.50 ±0.50	1500	1000
TDS (mg/L)	158.75	159.41	159.08 ± 0.33	600	500
SST (mg/L)	7.20	7.50	7.37 ±0.15	500	25
TURBIDEZ (NTU)	1.50	1.50	1.50 ±0.00	5	5
CBO (mg/L)	1.62	2.48	2.19 ±0.49	5	5
DO (mg/L)	7.75	8.16	8.01 ±0.22	6	-
CQO (mg/L)	10.30	11.00	10.57±0.38	40	-
SULFATO (mg/L)	1.20	1.31	1.24 ±0.06	250	100
FOSFATO (mg/L)	0.05	0.05	0.05 ±0.00	5	5
NITRATO (mg/L)	0.39	0.96	0.77 ±0.33	45	10
T. DUREZA (mg/L)	38.00	52.00	46.00 ±7.21	300	100
CÁLCIO (mg/L)	1.76	16.00	6.99 ± 7.84	75	75
MAGNÉSIO (mg/L)	2.88	10.46	6.85 ±3.80	50	20
ALCALINIDADE (mg/L)	19.00	22.00	21.00 ±1.73	120	100
COR (TCU)	Nulo	Nulo	Nulo	15	3
CLORETO (mg/L)	7.61	9.63	2.87 ±1.17	250	100
CHUMBO (mg/L)	0.20	0.20	0.20±0.00	0.01	0.01

	1.68	3.68	2.35±1.15	3	0.3
FERRO (mg/L)	1.68	3.68	2.35±1.15	3	0.3
MANGANÊS (mg/L)	0.23	0.44	0.37±0.12	0.4	2.0
CROMO (mg/L)	1.69	2.54	2.26±0.49	0.05	0.05
COBRE (mg/L)	0.19	0.58	0.34±0.21	2.0	1.0

Tabela A15: Resultados dos parâmetros físico-químicos com os limites OMS e SON para SS6BO (estação seca)

Parâmetros	Mínimo	Máximo	Média±Std	OMS LIMITE	FILHO Limite
TEMPERATURA (^{o}C)	27.00	28.00	27.33 ±0.58	Ambiente	Ambiente
pH	4.20	4.50	4.40 ±0.17	6.5-8.5	6.5-8.5
CONDUCTIVIDADE (μS/cm)	41.00	43.00	42.33 ±1.15	1500	1000
TDS (mg/L)	27.35	28.68	28.24 ± 0.77	600	500
SST (mg/L)	9.00	10.00	9.33 ±0.58	500	25
TURBIDEZ (NTU)	0.20	0.22	0.21 ± 0.01	5	5
CBO (mg/L)	0.81	2.68	1.84 ± 0.95	5	5
DO (mg/L)	8.93	9.38	9.22 ±0.25	6	-
CQO (mg/L)	4.00	5.00	4.50 ±0.50	40	-
SULFATO (mg/L)	0.72	0.82	0.79 ±0.06	250	100
FOSFATO (mg/L)	0.01	0.02	0.01 ±0.01	5	5
NITRATO (mg/L)	0.35	0.49	0.43 ±0.08	45	10
T. DUREZA (mg/L)	8.00	14.00	11.33±3.06	300	100
CÁLCIO (mg/L)	1.60	2.40	1.97 ±0.40	75	75
MAGNÉSIO (mg/L)	0.77	1.92	1.54 ± 0.67	50	20

ALCALINIDADE (mg/L)	4.00	6.00	5.17 ±1.04	120	100
COR (TCU)	Nulo	Nulo	Nulo	15	3
CLORETO (mg/L)	6.08	12.68	3.80±3.55	250	100
CHUMBO (mg/L)	0.40	0.46	0.42±0.04	0.01	0.01
FERRO (mg/L)	2.08	3.28	2.88±0.69	3	0.3
MANGANÊS (mg/L)	0.79	0.86	0.81±0.04	0.4	2.0
CROMO (mg/L)	0.83	1.69	1.40±0.49	0.05	0.05
COBRE (mg/L)	0.38	0.45	0.41±0.04	2.0	1.0

Apêndice B

Quadro B1: Índices de poluição por metais pesados para a estação das chuvas

Metais pesados	Símbolo	SS1BO	SS2BO	SS3BO	SS4BO	SS5WE	SS6BO
Chumbo	Pb	972.98	843.25	754.06	810.81	859.46	843.25
Ferro	Fe	0.12	0.12	0.12	0.12	0.12	0.13
Manganês	Mn	0.39	0.21	0.29	0.37	0.30	0.46
Crómio	Cr	0.00	0.00	0.00	0.00	0.00	0.00
Cobre	Cu	0.14	0.14	0.14	0.14	0.14	0.14
Valores globais do HPI		973.62	843.71	754.60	811.44	860.02	843.97
Média				847.89			

Quadro B2: Índices de poluição por metais pesados na estação seca

Metais pesados	Símbolo	SS1BO	SS2BO	SS3BO	SS4BO	SS5WE	SS6BO
Chumbo		2513.52	3972.98	5189.20	2675.68	1621.63	3405.41
Ferro		0.00	0.22	0.10	0.02	0.18	0.25
Manganês		0.61	1.55	1.82	1.35	1.82	4.80

Crómio	454.06	548.11	638.92	360.00	732.97	454.06
Cobre	0.05	0.08	0.05	0.07	0.04	0.02
Valores globais do HPI	2968.23	4522.96	5830.10	3037.12	2356.65	3864.55
Média			3763.23			

Tabela B3: Índice médio de avaliação de metais pesados (HEI) da área de estudo (estação húmida)

Metais pesados	Concentração média (Ci) (Ppb)	Valor máximo autorizado (MAC)I (Ppb)	HEI
Pb	104.50	10	10.45
Fe	101.67	3000	0.03
Mn	50.33	400	0.16
Cr	0.00	50	0.00
Cu	0.00	2000	0.00
$\sum$ IES =10,64			

Tabela B4: Índice médio de avaliação de metais pesados (HEI) da área de estudo (estação seca)

Metais pesados	Concentração média (Ci) (Ppb)	(OMS) Valor máximo autorizado (CMA)i (ppb)	HEI
Pb	398.33	10	39.83
Fe	1961.67	3000	0.65
Mn	395.00	400	0.99
Cr	1638.33	50	32.77
Cu	305.00	2000	0.15
	$\sum$ IES =74,39		

Apêndice C

Tabela C1: Cálculo do IQA das amostras de água da comunidade de Nkoro (estação húmida) para SS1BO.

Parâmetros	VALOR MÉDIO DE CONC. (Vn)	Valor padrão (Sn)	Agência de recomendação para a Sn	VALOR IDEAL (Vo)	Wi =K/Sn	Vn/Sn*100=Qn	WnQn
pH (° C)	4.25	8.5	OMS	7	0.079	183.333	14.489
COND (µS/cm)	25.17	1000	FILHO	0	0.001	2.517	0.002
TDS (mg/L)	16.79	600	FILHO	0	0.001	2.798	0.003
SST (mg/L)	16.73	25	FILHO	0	0.027	66.920	1.798
TURB (NTU)	14.93	5	FILHO	0	0.134	298.667	40.126
CBO (mg/L)	1.96	5	OMS	0	0.134	39.247	5.273
DO (mg/L)	8.05	6	OMS	14.6	0.112	76.139	8.524
CQO (mg/L)	9.07	40	OMS	0	0.017	22.667	0.381
SULFATO (mg/L)	0.76	100	FILHO	0	0.007	0.756	0.005
FOSFATO (mg/L)	0.01	5	OMS	0	0.134	0.200	0.027
NITRATO (mg/L)	0.18	10	FILHO	0	0.067	1.800	0.121

Parâmetros	VALOR MÉDIO DE CONC. (Vn)	Valor padrão (Sn)	Agência de recomendação para a Sn	VALOR IDEAL (Vo)	Wi=K/Sn	Vn/Sn*100=Qn	WnQn
TH (mg/L)	16.00	100	FILHO	0	0.007	16.000	0.107
CÁLCIO (mg/L)	2.05	75	FILHO	0	0.009	2.738	0.025
MAGNÉSIO (mg/L)	2.61	20	FILHO	0	0.034	13.040	0.438
ALCALINIDADE (mg/L)	8.33	100	FILHO	0	0.007	8.333	0.056
COR (TCU)	38.50	3	FILHO	0	0.224	1283.333	287.360
CLORETO (mg/L)	6.34	100	FILHO	0	0.007	6.338	0.043
					1	∑Qn=2024.83	∑WnQn=358.78 IQA = 358,78

Tabela C2: Cálculo do IQA das amostras de água da comunidade de Nkoro (estação húmida) para SS2BO.

Parâmetros	VALOR MÉDIO DE CONC. (Vn)	Valor padrão (Sn)	Agência de recomendação para a Sn	VALOR IDEAL (Vo)	Wi=K/Sn	Vn/Sn*100=Qn	WnQn
pH ($^{\circ}$ C)	6.75	8.5	OMS	7	0.079	16.16	1.311

Parâmetro	Vn	Sn	Fonte	Videal	Wn	Qn	WnQn
COND (µS/cm)	394.50	1000	FILHO	0	0.001	39.45	0.027
TDS (mg/L)	263.13	600	FILHO	0	0.001	43.86	0.049
SST (mg/L)	11.07	25	FILHO	0	0.027	44.28	1.190
TURB (NTU)	1.31	5	FILHO	0	0.134	26.13	3.511
CBO (mg/L)	2.19	5	OMS	0	0.134	43.85	5.891
DO (mg/L)	10.92	6	OMS	14.6	0.112	42.77	4.788
CQO (mg/L)	20.07	40	OMS	0	0.017	50.17	0.842
SULFATO (mg/L)	0.44	100	FILHO	0	0.007	0.44	0.003
FOSFATO (mg/L)	0.17	5	OMS	0	0.134	3.33	0.448
NITRATO (mg/L)	0.22	10	FILHO	0	0.067	2.25	0.151
TH (mg/L)	45.33	100	FILHO	0	0.007	45.33	0.305
CÁLCIO (mg/L)	16.27	75	FILHO	0	0.009	21.69	0.194
MAGNÉSIO (mg/L)	1.12	20	FILHO	0	0.034	5.60	0.188
ALCALINIDADE (mg/L)	19.00	100	FILHO	0	0.007	19.00	0.128
COR (TCU)	0.00	3	FILHO	0	0.224	0.00	0.000
CLORETO (mg/L)	57.04	100	FILHO	0	0.007	57.04	0.383
					1	$\sum Qn =$ 461.79	$\sum WnQn$ 19.41 IQA =19,41

Tabela C3: Cálculo do IQA das amostras de água da comunidade de Nkoro (estação húmida) para SS3BO.

Parâmetros	VALOR MÉDIO DE CONC. (Vn)	Valor padrão (Sn)	Agência de recomendação para a Sn	VALOR IDEAL (Vo)	Wi =K/ Sn	Vn/Sn*100=Qn	WnQn
pH (°C)	5.73	8.5	OMS	7	0.079	84.44	6.674
COND (µS/cm)	72.17	1000	FILHO	0	0.001	7.22	0.005
TDS (mg/L)	48.14	600	FILHO	0	0.001	8.02	0.009
SST (mg/L)	9.30	25	FILHO	0	0.027	37.20	1.000
TURB (NTU)	0.41	5	FILHO	0	0.134	8.13	1.093
CBO (mg/L)	1.83	5	OMS	0	0.134	36.54	4.909
DO (mg/L)	10.08	6	OMS	14.6	0.112	52.53	5.881
CQO (mg/L)	8.07	40	OMS	0	0.017	20.17	0.339
SULFATO (mg/L)	0.70	100	FILHO	0	0.007	0.70	0.005
FOSFATO (mg/L)	0.02	5	OMS	0	0.134	0.40	0.054
NITRATO (mg/L)	0.51	10	FILHO	0	0.067	5.07	0.341
TH (mg/L)	23.33	100	FILHO	0	0.007	23.33	0.157
CÁLCIO (mg/L)	6.80	75	FILHO	0	0.009	9.07	0.081

Parâmetros	VALOR MÉDIO	Valor padrão (Sn)	Agência	VALOR IDEAL (Vo)	$W_i = K/S_n$	$V_n/S_n*100 = Q_n$	WnQn
MAGNÉSIO (mg/L)	2.29	20	FILHO	0	0.034	11.43	0.384
ALCALINIDADE (mg/L)	13.00	100	FILHO	0	0.007	13.00	0.087
COR (TCU)	0.00	3	FILHO	0	0.224	0.00	0.000
CLORETO (mg/L)	11.83	100	FILHO	0	0.007	11.83	0.079
					1	$\sum Q_n$=329.09	$\sum W_nQ_n$= 21.10 IQA =21,10

Tabela C4: Cálculo do IQA das amostras de água da comunidade de Nkoro (estação húmida) para SS4BO.

Parâmetros	VALOR MÉDIO DE CONC. (Vn)	Valor padrão (Sn)	Agência de recomendação para a Sn	VALOR IDEAL (Vo)	$W_i = K/S_n$	$V_n/S_n*100 = Q_n$	WnQn
pH (° C)	5.40	8.5	OMS	7	0.079	106.67	8.430
COND (μS/cm)	122.33	1000	FILHO	0	0.001	12.23	0.008
TDS (mg/L)	81.60	600	FILHO	0	0.001	13.60	0.015
SST (mg/L)	13.37	25	FILHO	0	0.027	53.48	1.437

Parâmetro							
TURB (NTU)	0.60	5	FILHO	0	0.134	12.00	1.612
CBO (mg/L)	1.56	5	OMS	0	0.134	31.13	4.182
DO (mg/L)	10.08	6	OMS	14.6	0.112	52.53	5.881
CQO (mg/L)	9.03	40	OMS	0	0.017	22.58	0.379
SULFATO (mg/L)	0.91	100	FILHO	0	0.007	0.91	0.006
FOSFATO (mg/L)	0.02	5	OMS	0	0.134	0.33	0.045
NITRATO (mg/L)	0.25	10	FILHO	0	0.067	2.47	0.166
TH (mg/L)	31.33	100	FILHO	0	0.007	31.33	0.210
CÁLCIO (mg/L)	5.07	75	FILHO	0	0.009	6.76	0.061
MAGNÉSIO (mg/L)	4.48	20	FILHO	0	0.034	22.40	0.752
ALCALINIDADE (mg/L)	12.67	100	FILHO	0	0.007	12.67	0.085
COR (TCU)	0.00	3	FILHO	0	0.224	0.00	0.000
CLORETO (mg/L)	11.32	100	FILHO	0	0.007	11.32	0.076
					1	∑Qn=392.41	∑WnQn= 23,35 IQA=23,35

Tabela C5: Cálculo do IQA das amostras de água da comunidade de Nkoro (estação húmida) para a SS5WE.

Parâmetros	VALOR MÉDIO DE CONC. (Vn)	Valor padrão (Sn)	Agência de recomendação para a Sn	VALOR IDEAL (Vo)	Wi =K/Sn	Vn/Sn*100=Qn	WnQn
pH ($^{\circ}$C)	6.22	8.5	OMS	7	0.079	52.22	4.127
COND (µS/cm)	239.00	1000	FILHO	0	0.001	23.90	0.016
TDS (mg/L)	159.41	600	FILHO	0	0.001	26.57	0.030
SST (mg/L)	8.37	25	FILHO	0	0.027	33.47	0.899
TURB (NTU)	1.70	5	FILHO	0	0.134	34.00	4.568
CBO (mg/L)	1.83	5	OMS	0	0.134	36.54	4.909
DO (mg/L)	8.26	6	OMS	14.6	0.112	73.78	8.259
CQO (mg/L)	11.13	40	OMS	0	0.017	27.83	0.467
SULFATO (mg/L)	1.26	100	FILHO	0	0.007	1.26	0.008
FOSFATO (mg/L)	0.06	5	OMS	0	0.134	1.20	0.161
NITRATO (mg/L)	0.78	10	FILHO	0	0.067	7.82	0.525
TH (mg/L)	55.33	100	FILHO	0	0.007	55.33	0.372
CÁLCIO (mg/L)	8.05	75	FILHO	0	0.009	10.74	0.096

Parâmetros	VALOR MÉDIO CONC. (Vn)	Valor padrão (Sn)	Agência de recomendação para a Sn	VALOR IDEAL (Vo)	Wi =K/Sn	Classificação da qualidade (Qn)	WnQn
MAGNÉSIO (mg/L)	8.45	20	FILHO	0	0.034	42.24	1.419
ALCALINIDADE (mg/L)	24.33	100	FILHO	0	0.007	24.33	0.163
COR (TCU)	0.00	3	FILHO	0	0.224	0.00	0.000
CLORETO (mg/L)	9.97	100	FILHO	0	0.007	9.97	0.067
					1	$\sum$Qn=461.198	$\sum$WnQn=26.09
							IQA=26,09

Tabela C6: Cálculo do IQA das amostras de água da comunidade de Nkoro (estação húmida) para a SS6BO.

Parâmetros	VALOR MÉDIO CONC. (Vn)	Valor padrão (Sn)	Agência de recomendação para a Sn	VALOR IDEAL (Vo)	Wi =K/Sn	Classificação da qualidade (Qn)	WnQn
pH ($^{\circ}$ C)	4.48	8.5	OMS	7	0.079	167.78	13.259
COND (μS/cm)	42.83	1000	FILHO	0	0.001	4.28	0.003
TDS (mg/L)	28.57	600	FILHO	0	0.001	4.76	0.005
SST (mg/L)	10.37	25	FILHO	0	0.027	41.48	1.115

Parâmetro							
TURB (NTU)	0.22	5	FILHO	0	0.134	4.47	0.600
CBO (mg/L)	1.89	5	OMS	0	0.134	37.89	5.091
DO (mg/L)	9.68	6	OMS	14.6	0.112	57.25	6.409
CQO (mg/L)	5.13	40	OMS	0	0.017	12.83	0.216
SULFATO (mg/L)	0.80	100	FILHO	0	0.007	0.80	0.005
FOSFATO (mg/L)	0.02	5	OMS	0	0.134	0.40	0.054
NITRATO (mg/L)	0.44	10	FILHO	0	0.067	4.43	0.298
TH (mg/L)	14.00	100	FILHO	0	0.007	14.00	0.094
CÁLCIO (mg/L)	2.27	75	FILHO	0	0.009	3.02	0.027
MAGNÉSIO (mg/L)	2.00	20	FILHO	0	0.034	10.00	0.336
ALCALINIDADE (mg/L)	6.33	100	FILHO	0	0.007	6.33	0.043
COR (TCU)	0.00	3	FILHO	0	0.224	0.00	0.000
CLORETO (mg/L)	10.90	100	FILHO	0	0.007	10.90	0.073
					1	$\sum Qn=380.63$	$\sum WnQn=27.63$
							IQA = 27,63

Tabela D1: Cálculo do IQA das amostras de água da comunidade de Nkoro (estação seca) para SS1BO.

Parâmetros	VALOR MÉDIO DE CONC. (Vn)	Valor padrão (Sn)	Agência de recomendação para a Sn	VALOR IDEAL (Vo)	Wi =K/Sn	Vn/Sn*100=Qn	WnQn
pH (º C)	4.12	8.5	OMS	7	0.079	192.00	15.174
COND (µS/cm)	22.67	1000	FILHO	0	0.001	2.27	0.002
TDS (mg/L)	15.12	600	FILHO	0	0.001	2.52	0.003
SST (mg/L)	13.4	25	FILHO	0	0.027	53.60	1.440
TURB (NTU)	13.4	5	FILHO	0	0.134	268.00	36.006
CBO (mg/L)	1.72	5	OMS	0	0.134	34.40	4.622
DO (mg/L)	7.58	6	OMS	14.6	0.112	81.63	9.139
CQO (mg/L)	8.5	40	OMS	0	0.017	21.25	0.357
SULFATO (mg/L)	0.73	100	FILHO	0	0.007	0.73	0.005
FOSFATO (mg/L)	0.01	5	OMS	0	0.134	0.20	0.027
NITRATO (mg/L)	0.17	10	FILHO	0	0.067	1.70	0.114

Parâmetros	VALOR MÉDIO DE CONC. (Vn)	Valor padrão (Sn)	Agência de recomendação para a Sn	VALOR IDEAL (Vo)	Wi =K/Sn	Vn/Sn*100=Qn	WnQn
TH (mg/L)	13.33	100	FILHO	0	0.007	13.33	0.090
CÁLCIO (mg/L)	1.92	75	FILHO	0	0.009	2.56	0.023
MAGNÉSIO (mg/L)	2.05	20	FILHO	0	0.034	10.25	0.344
ALCALINIDADE (mg/L)	7.00	100	FILHO	0	0.007	7.00	0.047
COR (TCU)	35.67	3	FILHO	0	0.224	1189.00	266.237
CLORETO (mg/L)	5.41	100	FILHO	0	0.007	5.41	0.036
					1	$\sum$Qn=1885.84	$\sum$WnQn=333.66
							IQA=333,66

Tabela D2: Cálculo do IQA das amostras de água da comunidade de Nkoro (estação seca) para SS2BO.

Parâmetros	VALOR MÉDIO DE CONC. (Vn)	Valor padrão (Sn)	Agência de recomendação para a Sn	VALOR IDEAL (Vo)	Wi =K/Sn	Vn/Sn*100=Qn	WnQn
pH (° C)	6.6	8.5	OMS	7	0.079	26.67	2.107

Parâmetro					W_n	Q_n	W_nQ_n
COND (µS/cm)	387.33	1000	FILHO	0	0.001	38.73	0.026
TDS (mg/L)	258.35	600	FILHO	0	0.001	43.06	0.048
SST (mg/L)	10.00	25	FILHO	0	0.027	40.00	1.075
TURB (NTU)	1.20	5	FILHO	0	0.134	24.00	3.224
CBO (mg/L)	1.77	5	OMS	0	0.134	35.40	4.756
DO (mg/L)	10.31	6	OMS	14.6	0.112	49.88	5.585
CQO (mg/L)	19.33	40	OMS	0	0.017	48.33	0.812
SULFATO (mg/L)	0.43	100	FILHO	0	0.007	0.43	0.003
FOSFATO (mg/L)	0.10	5	OMS	0	0.134	2.00	0.269
NITRATO (mg/L)	0.22	10	FILHO	0	0.067	2.20	0.148
TH (mg/L)	42.00	100	FILHO	0	0.007	42.00	0.282
CÁLCIO (mg/L)	14.93	75	FILHO	0	0.009	19.91	0.178
MAGNÉSIO (mg/L)	1.12	20	FILHO	0	0.034	5.60	0.188
ALCALINIDADE (mg/L)	16.00	100	FILHO	0	0.007	16.00	0.107
COR (TCU)	0.00	3	FILHO	0	0.224	0.00	0.000
CLORETO (mg/L)	63.29	100	FILHO	0	0.071	63.29	0.425
					1	$\sum Q_n=$ 457,49	$\sum W_nQ_n=$ 19.23
							IQA=19,23

Tabela D3: Cálculo do IQA das amostras de água da comunidade de Nkoro (estação seca) para SS3BO.

Parâmetros	VALOR MÉDIO DE CONC. (Vn)	Valor padrão (Sn)	Agência de recomendação para a Sn	VALOR IDEAL (Vo)	Wi =K/Sn	Vn/Sn*100=Qn	WnQn
pH (° C)	5.63	8.5	OMS	7	0.079	91.33	7.218
COND (µS/cm)	71	1000	FILHO	0	0.001	7.10	0.005
TDS (mg/L)	47.36	600	FILHO	0	0.001	7.89	0.009
SST (mg/L)	8.73	25	FILHO	0	0.027	34.92	0.938
TURB (NTU)	0.37	5	FILHO	0	0.134	7.40	0.994
CBO (mg/L)	1.89	5	OMS	0	0.134	37.80	5.078
DO (mg/L)	9.61	6	OMS	14.6	0.112	58.02	6.496
CQO (mg/L)	7.33	40	OMS	0	0.017	18.33	0.308
SULFATO (mg/L)	0.6	100	FILHO	0	0.007	0.60	0.004
FOSFATO (mg/L)	0.01	5	OMS	0	0.134	0.20	0.027
NITRATO (mg/L)	0.49	10	FILHO	0	0.067	4.90	0.329
TH (mg/L)	18.8	100	FILHO	0	0.007	18.80	0.126
CÁLCIO (mg/L)	6.13	75	FILHO	0	0.009	8.17	0.073

Parâmetros	VALOR MÉDIO DE CONC. (Vn)	Valor padrão (Sn)	Agência de recomendação para a Sn	VALOR IDEAL (Vo)	Wi =K/Sn	Vn/Sn*100=Qn	WnQn
MAGNÉSIO (mg/L)	0.83	20	FILHO	0	0.034	4.15	0.139
ALCALINIDADE (mg/L)	11.33	100	FILHO	0	0.007	11.33	0.076
COR (TCU)	0	3	FILHO	0	0.224	0.00	0.000
CLORETO (mg/L)	9.97	100	FILHO	0	0.007	9.97	0.067
					1	$\sum$Qn=320.92	$\sum$WnQn=21.89 IQA=21,89

Tabela D4: Cálculo do IQA das amostras de água da comunidade de Nkoro (estação seca) para SS4BO.

Parâmetros	VALOR MÉDIO DE CONC. (Vn)	Valor padrão (Sn)	Agência de recomendação para a Sn	VALOR IDEAL (Vo)	Wi =K/Sn	Vn/Sn*100=Qn	WnQn
pH (°C)	5.30	8.5	OMS	7	0.079	113.33	8.957
COND (µS/cm)	122.00	1000	FILHO	0	0.001	12.20	0.008
TDS (mg/L)	81.37	600	FILHO	0	0.001	13.56	0.015
SST (mg/L)	11.80	25	FILHO	0	0.027	47.20	1.268

Parâmetro							
TURB (NTU)	0.50	5	FILHO	0	0.134	10.00	1.344
CBO (mg/L)	2.06	5	OMS	0	0.134	41.20	5.535
DO (mg/L)	9.91	6	OMS	14.6	0.112	54.53	6.106
CQO (mg/L)	8.43	40	OMS	0	0.017	21.08	0.354
SULFATO (mg/L)	0.85	100	FILHO	0	0.007	0.85	0.006
FOSFATO (mg/L)	0.01	5	OMS	0	0.134	0.20	0.027
NITRATO (mg/L)	0.23	10	FILHO	0	0.067	2.30	0.155
TH (mg/L)	26.00	100	FILHO	0	0.007	26.00	0.175
CÁLCIO (mg/L)	4.64	75	FILHO	0	0.009	6.19	0.055
MAGNÉSIO (mg/L)	3.46	20	FILHO	0	0.034	17.30	0.581
ALCALINIDADE (mg/L)	10.33	100	FILHO	0	0.007	10.33	0.069
COR (TCU)	0.00	3	FILHO	0	0.224	0.00	0.000
CLORETO (mg/L)	3.55	100	FILHO	0	0.007	3.55	0.024
					1	∑Qn= 379,82	∑WnQn= 24.68
							IQA=24,68

Tabela D5: Cálculo do IQA das amostras de água da comunidade de Nkoro (estação húmida) para SS5WE

Parâmetros	VALOR MÉDIO DE CONC. (Vn)	Valor padrão (Sn)	Agência de recomendação para a Sn	VALOR IDEAL (Vo)	Wi =K/Sn	Vn/Sn*100=Qn	WnQn
pH (^{o} C)	6.15	8.5	OMS	7	0.079	56.67	4.478
COND (μS/cm)	238.5	1000	FILHO	0	0.001	23.85	0.016
TDS (mg/L)	159.08	600	FILHO	0	0.001	26.51	0.030
SST (mg/L)	7.37	25	FILHO	0	0.027	29.48	0.792
TURB (NTU)	1.50	5	FILHO	0	0.134	30.00	4.031
CBO (mg/L)	2.19	5	OMS	0	0.134	43.80	5.885
DO (mg/L)	8.01	6	OMS	14.6	0.112	76.63	8.579
CQO (mg/L)	10.57	40	OMS	0	0.017	26.43	0.444
SULFATO (mg/L)	1.24	100	FILHO	0	0.007	1.24	0.008
FOSFATO (mg/L)	0.05	5	OMS	0	0.134	1.00	0.134
NITRATO (mg/L)	0.77	10	FILHO	0	0.067	7.70	0.517
TH (mg/L)	46.00	100	FILHO	0	0.007	46.00	0.309
CÁLCIO (mg/L)	6.99	75	FILHO	0	0.009	9.32	0.083
MAGNÉSIO (mg/L)	6.85	20	FILHO	0	0.034	34.25	1.150

	VAL OR MÉDIO DE CONC. (Vn)	Valor padrão (Sn)	Agência de recomendação para a Sn	VAL OR IDEAL (Vo)	Wi =K/Sn	Vn/Sn*100=Qn	WnQn
ALCALINIDADE (mg/L)	21.00	100	FILHO	0	0.007	21.00	0.141
COR (TCU)	0.00	3	FILHO	0	0.224	0.00	0.000
CLORETO (mg/L)	2.87	100	FILHO	0	0.007	2.87	0.019
					1	$\sum$Qn=436.74	$\sum$WnQn= 26.62 IQA=26,62

Tabela D6: Cálculo do IQA das amostras de água da comunidade de Nkoro (estação seca) para SS6BO.

Parâmetros	VAL OR MÉDIO DE CONC. (Vn)	Valor padrão (Sn)	Agência de recomendação para a Sn	VAL OR IDEAL (Vo)	Wi =K/Sn	Vn/Sn*100=Qn	WnQn
pH (° C)	4.4	8.5	OMS	7	0.079	173.33	13.698
COND (µS/cm)	42.33	1000	FILHO	0	0.001	4.23	0.003
TDS (mg/L)	28.24	600	FILHO	0	0.001	4.71	0.005
SST (mg/L)	9.33	25	FILHO	0	0.027	37.32	1.003
TURB (NTU)	0.21	5	FILHO	0	0.134	4.20	0.564

CBO (mg/L)	1.84	5	OMS	0	0.134	36.80	4.944
DO (mg/L)	9.22	6	OMS	14.6	0.112	62.56	7.004
CQO (mg/L)	4.5	40	OMS	0	0.017	11.25	0.189
SULFATO (mg/L)	0.79	100	FILHO	0	0.007	0.79	0.005
FOSFATO (mg/L)	0.01	5	OMS	0	0.134	0.20	0.027
NITRATO (mg/L)	0.43	10	FILHO	0	0.067	4.30	0.289
TH (mg/L)	11.33	100	FILHO	0	0.007	11.33	0.076
CÁLCIO (mg/L)	1.97	75	FILHO	0	0.009	2.63	0.024
MAGNÉSIO (mg/L)	1.54	20	FILHO	0	0.034	7.70	0.259
ALCALINIDADE (mg/L)	5.17	100	FILHO	0	0.007	5.17	0.035
COR (TCU)	0	3	FILHO	0	0.224	0.00	0.000
CLORETO (mg/L)	3.8	100	FILHO	0	0.007	3.80	0.026
					1	$\sum$Qn=370.32	$\sum$WnQn= 28.15
							IQA=28,15

I want morebooks!

Buy your books fast and straightforward online - at one of world's fastest growing online book stores! Environmentally sound due to Print-on-Demand technologies.

Buy your books online at
www.morebooks.shop

Compre os seus livros mais rápido e diretamente na internet, em uma das livrarias on-line com o maior crescimento no mundo! Produção que protege o meio ambiente através das tecnologias de impressão sob demanda.

Compre os seus livros on-line em
www.morebooks.shop

info@omniscriptum.com
www.omniscriptum.com

Printed by Books on Demand GmbH, Norderstedt / Germany